中国海绵城市建设创新实践系列（总策划 刘宏伟）

中国西部丘陵地区海绵城市建设创新典范

遂宁："自然生长"的海绵城市

遂宁市海绵城市建设工作领导小组办公室　编

中国建筑工业出版社

前　言

　　良好生态环境是实现中华民族永续发展的内在要求，是最普惠的民生福祉。这是党的十九大报告指出"必须树立和践行绿水青山就是金山银山的理念"的根本原因所在。习近平总书记提出的"我们既要绿水青山，也要金山银山。宁要绿水青山，不要金山银山，而且绿水青山就是金山银山"、"让城市融入大自然，让居民望得见山、看得见水、记得住乡愁"、"环境就是民生，青山就是美丽，蓝天也是幸福"等一系列关于生态文明建设的重要思想和言论，早已成为全民共识。尽快提升人民群众对于良好生态环境的获得感，从而大幅增强民生福祉，"坚持以人民为中心，重点解决损害群众健康的突出环境问题，提供更多优质生态产品"无疑是当务之急。

　　众所周知，"城市病"属于当前"损害群众健康"的"突出问题"之一，如何根治人民群众关注度较高的症结——"城市看海"，任务尤其迫切。对此，习近平总书记早在2013年12月12日召开的中央城镇化工作会议上，就正式提出建设自然积存、自然渗透、自然净化的"海绵城市"。短短数年间，"海绵城市"从一个陌生的概念，已经成为如今家喻户晓、全民认知的新理念。无论是从党中央、国务院的战略决策，相关部委推出的配套措施，还是各地推行的海绵城市建设试点及其取得的成效，都充分证明了一点：海绵城市建设有效缓解了城市内涝、黑臭水体等"城市病"，提升了城市宜居性，已经成为城市建设落实习近平生态文明思想的科学路径之一，为新时代中国特色社会主义生态文明建设提供了城市层级的新发展理念和方式。其中，试点先行的方式发挥了重要作用，"把问题穷尽，让矛盾凸显，真正起到压力测试作用"，实现了"多出可复制可推广的经验做法，带动面上改革"的目的，形成了一批可复制、可推广的经验。遂宁市作为全国首批海绵城市试点城市之一，结合本地特点，探索出了适宜我国西部丘陵地区海绵城市建设的经验和做法，取得了显著成效。

　　遂宁市通过城市更新和全民共建共治共享全面提升宜居、宜业、宜游指数，形成人与自然和谐发展的现代化建设新格局，实现"让城市在绿水青山中自然生长"，成功打造"西部水都"名片，同时为浅丘平坝地区内涝防治、老城区水环境综合治理、滨江水生态文化建设等方面积累了丰富的创新实践经验。经过三年多因地制宜的创新实践，成功摸索出了具有鲜明特色的"六大经验体系"，获得了"三大效应"，为推动海绵城市建设国家战略充分发挥了试点的示范作用，为建设"美丽中国"提供了可复制、可推广的地方实践样本，成为我国西部丘陵地区海绵城市建设创新典范、可复制可推广的中国特色城市发展道路的绿色"原生态样板"。

构建六大体系：

遂宁市具有良好的生态本底，是长江上游重要的生态屏障区。但受历史原因和地理条件影响，"水多"（城市内涝）、"水少"（水资源短缺）、"水脏"（水体污染）、"水堵"（硬质铺装比例高）等问题长期存在。在成功申报成为全国海绵城市建设试点后，遂宁市在没有任何现成经验可供参考借鉴的基础上，针对中国西部丘陵地区自然生态本底和遂宁的城市发展现状，坚持以人为本，因地制宜创新探索，以目标为导向谋划新区发展，以问题为导向"双修"（生态修复、城市修补）旧城，在试点期内成功构建了海绵城市建设"六大体系"，有效解决了困扰城市发展的"城市病"。

一是科学完善的规划引领体系。遂宁市通过海绵城市专项规划引领，修编控制性详细规划以及相关的专项规划，构建出系统、科学、完善的顶层设计。

二是因地制宜的项目运作体系。遂宁市海绵城市建设，从试点之初就坚持"体现连片效应，避免碎片化"基本原则，高位统筹、系统谋划。坚持以问题为导向，对老城区进行综合改造；坚持"问题+目标"的双导向，对次新城区进行微创改造；坚持以目标为导向，规划管控拟建城区。

三是整体联动的组织工作体系。为有效解决海绵城市建设过程中涉及部门、领域、行业众多统筹协调难度大、效率低等问题，遂宁市成立了以市长为组长的海绵城市建设工作领导小组，构建出"属地负责、条块结合、以块为主、职责明确"的工作推进体制。

四是经济适用的技术保障体系。缺乏技术保障，海绵城市建设项目就可能成为空架子、假摆设。为此，遂宁市立足本地实际大力提倡技术创新，"在关键领域、卡脖子的地方下大功夫"，先后成功创造了海绵城市建设雨水口"微创"改造、海绵卓筒井、道路边带透水、碎石蓄水等实用新型技术，其中雨水口"微创"改造技术和道路边带透水技术已获得国家专利并在海绵城市建设过程中获得全面推广。海绵城市建设必须依靠创新驱动，而"创新驱动实质是人才驱动，人才是创新的第一资源"。为此，遂宁市还通过强化引智育智工作，在全国范围内广泛邀请海绵城市建设领域的知名专家出谋划策，同时积极培育地方人才。

五是全面监管的建设管控体系。有效的管控措施是决定海绵城市建设成效的关键因素之一。遂宁市将海绵城市建设要求纳入《遂宁市城市管理条例》，通过立法方式从依法行政的源头上为海绵城市建设提供法律保障。解决了依法行政的问题，还需要足够的政策支撑，才能让管控做到有的放矢。为此，遂宁市先后发布了组织机制保障、投融资政策及资金使用管理、规划建设管控、绩效考核、配套办法5大类共30个规范性文件，为海绵城市建设提供了全面的政策支撑。

六是多元投入的资金保障体系。巧妇难为无米之炊。对因公益性而导致的回报率低、回收周期长的海绵城市建设而言，更是如此。遂宁市结合不同的项目情况，有针对性地采取不同的创新投融资办法，成效显著。截至试点考核验收结束，共计吸引各类社会资本105亿元。其中，采取PPP模式吸引社会资本69亿元，督促建设业主投入7.5亿元，争取政府债券投入2.5亿元，争取银行贷款26亿元。社会资本投入占比达89%。

凸显三大成效：

遂宁市通过创新构建的六大体系，让海绵城市建设取得了三大显著成效。

一是城市更生态。遂宁市通过海绵城市建设，让城市内涝得以消除。首先针对城区17处易涝点的成因，按照"源头减排—过程控制—系统治理"的总体思路，构建"源头减排—客水截流—末端强排"的排水系统，从根本上解决城市内涝问题。内涝点整治项目建成后，已成功经受住2016年以来多次强降雨的检验。河道水质明显改善。遂宁市通过控源截污、内源治理、生态修复、活水保质等工程措施，不仅有效降低了污染，水质也得到了很高程度的净化。海绵城市建设试点区域内的明月河、联盟河等水体黑臭现象已基本消除。城市生态明显修复。通过划定自然生态空间格局，科学制订生态修复方案，增加生态堤岸，恢复原有径流路径，让城市更绿色健康。试点期间，通过实施莲里公园、九莲洲湿地公园、五彩缤纷路北延湿地、联盟河生态治理等项目，中心城区生态岸线得以集中整治。将原状为郊野荒地的莲里岸线打造为综合公园，将原状为滩涂湿地的九莲洲打造为城市绿心，将原状为荒地的五彩缤纷路北延湿地打造为城市休闲综合体，有效保护了天然岸线资源，突出生态及防洪属性，城市热岛效应得到逐步缓解。

二是城市发展可持续。"十二五"以来，遂宁市开始加快绿色发展步伐，特别是成为海绵城市建设全国试点之后，城市短板不断补齐、城市功能不断完善、城市环境不断提升，同步推动了投资环境改善、商业价值提升，旅游、康养等相关产业的蓬勃发展。遂宁市地区生产总值连跨7个百亿元台阶、年均增长11.5%，税收收入占一般公共预算收入的比重达64.5%。规模以上工业增加值、一般公共预算收入等多项主要经济指标增速均居四川省前列。

三是社会更和谐。遂宁市的海绵城市建设坚持以民生为核心，一切的努力皆为提供一个更加优质的生活环境，突出社会效益。在海绵城市建设中，遂宁市坚持问题导向，不仅做内涝治理、雨污分流、径流控制等海绵化改造内容，还及时解决老百姓反映强烈、普遍关注的道路破损、停车难、环境差等问题，既实现"小雨不积水、大雨不内涝"的海绵城市建设目标，又实现"路平、灯亮、水通、景美"的民生发展目标，获得当地老百姓好评。群众由"被动接受海绵"转为"主动参与海绵"，对海绵城市建设的满意度与参与度随之提高。民意调查显示，遂宁市海绵城市建设群众满意度达到95%。目前，海绵城市建设进小区工作深受欢迎，已有130余个非试点区域开发项目通过海绵城市建设专项审查正按要求实施建设，试点区域外的20余个小区主动申请要求纳入海绵化改造范围。

不忘初心、砥砺奋进。遂宁市通过海绵城市试点建设，不仅让群众得到了实惠，城市知名度大幅提升。新华社、中央电视台、《人民日报》、《中国建设报》等20余家国家级、省级媒体，先后40余次对遂宁市海绵城市建设的做法和经验进行了报道。2017年8月3日，中央电视台新闻联播以头条的方式报道了遂宁市海绵城市建设试点情况。试点建设期间，包括澳大利亚、越南等国及我国北京、天津、上海、台湾等在内的70个地区2100余人次前来遂宁市参观学习海绵城市建设经验模式。

"抓好试点对改革全局意义重大。要认真谋划深入抓好各项改革试点，坚持解放思想、实事求是，鼓励探索、大胆实践，敢想敢干、敢闯敢试，多出可复制可推广的经验做法，带动面上改革"，这是2017年5月23日习近平总书记在主持召开中央全面深化改革领导小组第三十五次会议讲话强调的重要内容。作为海绵城市建设行动纲领的《国务院办公厅关于推进海绵城市建设的指导意见》（国办发〔2015〕75号）更是明确要求"尽快形成一批可推广、可复制的示范项目，经验成熟后及时总结宣传、有效推开"。作为海绵城市建设国家试点，不仅仅需要干好自身的试点任务，更需要充分发挥试点的示范作用，及时总结完整的经验模式供其他城市参考借鉴。正是基于此，遂宁市组织各方力量，编写了《中国西部丘陵地区海绵城市建设创新典范——遂宁市："自然生长"的海绵城市》一书。

尽管遂宁市在海绵城市建设试点方面取得了成功，但从试点成功到全面推广，还需要从海绵城市建设全生命周期和全产业链的视角继续创新探索，不断完善相关经验模式和工艺做法。因此，本书内容难免存在错谬，还请各方专家不吝批评指正。

2019年5月8日

目　录

第 1 章

海绵城市建设
背景

遂宁市基本情况

1.1.1 概况

遂宁市位于四川盆地中部，长江上游、涪江中游，属于典型的丘陵地区，是成渝经济区和成都平原经济区的重要组成部分，也是长江上游的重要生态屏障（图1-1）。"遂宁"作为地名始于东晋大将桓温平蜀后，寓意"平息战乱，达到安宁"。目前辖船山、安居"两区"和射洪、蓬溪、大英"三县"，以及国家级经济技术开发区、河东新区两个独立核算园区，全市共计105个乡镇、18个街道办事处，面积5325km²，总人口369.5万人。

遂宁市历史悠久、人文荟萃，有"东川巨邑""川中重镇""文贤之邦"的美誉。先后孕育了陈子昂、王灼、黄娥、张鹏翮、张问陶等一大批声名卓著的杰出人才。

近年来，遂宁市坚持稳中求进的工作总基调，深入贯彻落实党中央"四个全面"[①]战略布局和四川省委"三大发展战略"[②]部署，大力推进富民强市"七大提升行动"[③]，统筹做好稳增长、促改革、调结构、惠民生等各项工作，全市经济社会保持平稳健康发展。"十二五"以来，地区生产总值连跨7个百亿元台阶。2016年突破千亿元大关。2018年地区生产总值达1221亿元，城镇居民人均可支配收入达31830元，农村居民人均可支配收入达14844元，实现城镇新增就业人数4.2万人，常住人口城镇化率达50.02%。

遂宁市近年坚持创新、协调、绿色、开放、共享的发展理念，加快建立绿色生产和消费的法律制度及政策导向，建立健全绿色低碳循环发展的经济体系。把绿色发展作为推动经济转型升级的动力，立足"决战决胜全面小康、建设绿色经济强市"的发展主题，把绿色引领放在富民强市"四大战略"[④]之首，不断探索生态、循环、低碳、高效的绿色发展之路。早在2007年，遂宁市就在全国率先制定由资源指标、环境指标等构成的《遂宁市区域绿色经济指标体系》，从2012年起坚持两年一届的绿色经济遂宁会议，真正把绿色发展作为推动经济转型升级的动力，已经成为学习贯彻习近平新时代生态文明思想的积极实践、全国绿色发展的创新交流平台。如今，"绿色遂宁"已经成为闻名全国的一张绿色发展名片。

① "四个全面"：全面建成小康社会、全面深化改革、全面依法治国、全面从严治党。
② "三大发展战略"：多点多极支撑发展战略、"两化"互动城乡统筹发展战略、创新驱动发展战略。
③ "七大提升行动"：大力实施产业提升行动；大力实施枢纽提升行动；大力实施城镇提升行动；大力实施创新提升行动；大力实施开放提升行动；大力实施文化提升行动；大力实施惠民提升行动。
④ "四大战略"：绿色引领、创新驱动、开放带动、区域联动。

1.1.2 中心城区情况

遂宁市中心城区风光秀丽、环境优美，是四川省最美丽的城市之一。城市有东

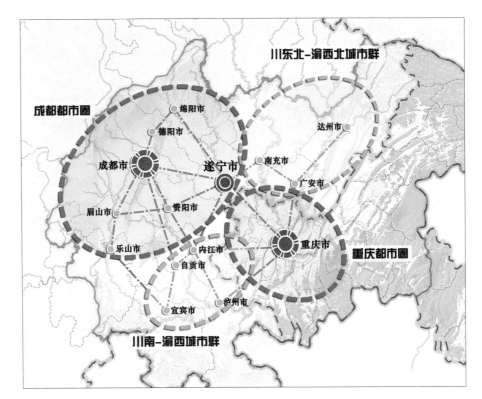

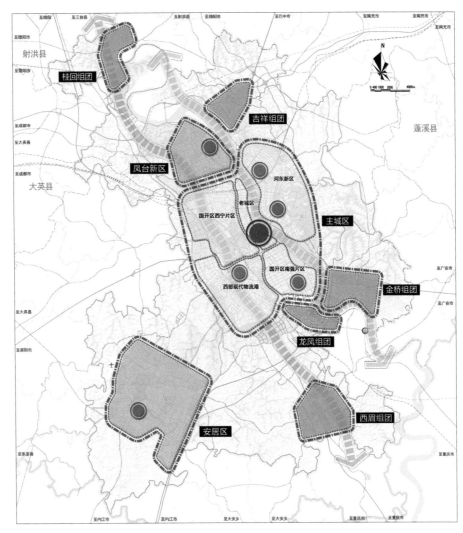

图1-1 遂宁市区位图

图1-2 遂宁市中心城区结构图

山、西山数十座山峰相拥，涪江从北至南穿城而过，在中心城区形成14.8km²（远期将达30km²）的观音湖水面，构成"城在水中、水在城中"的独特景观。遂宁按照"南延北进、拥湖发展，东拓西扩、依山推进"空间发展战略，在中心城区构建"一城两区五组团"的开放型、组团式空间格局（图1-2），现状建成区面积78km²，常住人口80万人。遂宁市已成功创建全国文明城市、全球绿色城市、国际花园城市、国家卫生城市、中国优秀旅游城市等20余张城市名片，被评为中国十佳宜居城市、四川省环境优美示范城市（图1-3-1、图1-3-2）。

图1-3-1　遂宁市山水风光

图1-3-2　遂宁市山水风光

1.2

城水相依——遂宁与水的关系

1.2.1　古代：因水而生、逐水而居

千里涪江自四川省阿坝藏族羌族自治州松潘县境内岷山主峰雪宝顶逶迤而下，从涓涓细流汇聚成滔滔江水，在四川盆地中部的丘壑间冲刷出一片美丽富饶的土地。东晋永和三年（347年），东晋大将桓温伐蜀凯旋，途经遂宁县境时，但见风和日丽、歌舞升平，一派和平安宁景象，于是取"息乱安宁"之意置遂宁郡，"遂宁"之名自此而始。

遂宁市据涪水之中游，乃东川之都会，土地肥沃，人物阜繁，历为川中政治、经济、文化中心，在政治、经济、文化、科教等方面都处于蜀中领先地位，为促进古代巴蜀文化的繁荣作出了重大贡献。这方水土，孕育出了陈子昂、王灼、黄娥、张鹏翮、张问陶等大批英才俊杰；这方水土，勤劳的遂宁人民用源自涪江的甘泉酿酒，大诗人杜甫吟出了"射洪春酒寒仍绿"的诗句；这方水土，人们在涪江两岸种蔗和研究制糖工艺，唐代的邹和尚在世界上最先发明了冰糖制作方法；这方水土，人们在地下开采盐卤，宋代发明的卓筒井盐卤钻井技术被称为"现代石油钻探之父"；这方水土，人们溯江而上或顺流而下，商贾云集，通达四海，唐代大诗人杜牧曰："遂宁旁缘巴徼，号为沃野。"据宋代《方舆胜览》载：遂州系唐宋时期四川盆地最重要的干道——成渝道上的交通枢纽，为"四达之区，西接成都，东连巴蜀"，号称"剑南大镇"，中唐大诗人白居易称："遂居蜀之腴。"

1.2.2　近现代：洪涝成灾、为水所困

近现代的遂宁市，也未能逃脱大多数曾经"因水而兴""因水而优"的城市的发展命运："因水而忧"。

由于遂宁市全年降雨多集中在夏秋两季，加之城市紧邻涪江，地势低洼，防洪和排涝能力严重不足，千百年来，居住在这里的人们饱受洪涝灾害之苦。仅明清以来，遂宁市有史可查的洪涝灾害就达数十次之多。据《遂宁县志》《遂宁市志》记载："同治十二年（1873年），秋，大水，沿河两岸冲坏田土无数，人民淹死者甚多。""民国38年（1949年）7月，连日大雨，涪江水涨，遂宁市北门外老堤一带全被淹没。9月19日，涪江水再涨，沿江民房、庄稼冲毁。""1981年，7月12日至14日，遂宁、蓬溪、射洪下暴雨，涪江水猛涨，涪江两岸遭百年未遇大洪灾。涪江水

位高程达282.5米，流量2.78万立方米/秒，沿江城乡一片汪洋，损失惨重"。

为治理水患，历史上遂宁市多次组织民众兴修水利，开挖沟渠，筑建堤坝，建设了一批防洪排涝设施。光绪二年（1876年），修建三庆堤，即市城区老堤、犀牛堤，然而，艰辛修建的堤坝很难抵挡凶猛的暴雨和洪水。光绪十三年（1887年）修建的东堤第二年春才完工，8月即被暴雨形成的洪水冲毁。中华人民共和国成立后，遂宁市修建了袁家坝、段家坝等拦河坝和城关防洪护城堤，洪水入城已不多见，但由于城内部分地带地势低洼，一遇大雨就易内涝成灾，水患问题仍然突出。尤其是近年随着新型城镇化的快速发展，城市内涝现象愈发严重，"城市看海"时有发生。

1.2.3 新时代：傍水而居、因水而兴

"不谋万世者，不足谋一时；不谋全局者，不足谋一域。"近年来，遂宁市坚持观大势、谋全局、干实事，坚持绿色发展理念，注重生态环境和历史文化保护和修复，让城市回归自然、融入自然，在顺应自然中利用自然，通过增强城市环境优势来提升城市的竞争力和吸引力。充分利用涪江穿城而过、自然分隔新老城区的独特优势，加快建设唐家渡电航工程以及青汤湖、东湖、青龙湖、龙凤湖等多个城市湖泊，畅连生态水系，全力打造"河湖连通、岛状发展、绿网渗透、水城相融"的生态田园城市，形成"一城两区五组团、两山三水拥一城"的城市格局，将遂宁市打造成为"中国西部水都"，建成中国西部独具特色的水生态城市。如今，水已成为遂宁市最美的城市景观，成为遂宁市最大的环境优势。随着河湖水系的日益完善，遂宁市城市的防洪抗洪能力还将大大增强，2018年7月11日，遂宁市经受住了数十年不遇的洪水考验。曾经"因水而忧"的遂宁，再度回归到了"因水而优"的绿色发展轨迹。

责无旁贷——遂宁海绵城市建设的初衷

1.3.1 构建长江上游生态屏障的历史责任

　　2018年4月，习近平总书记在长江考察时指出："当前和今后相当长一个时期，要把修复长江生态环境摆在压倒性位置，共抓大保护，不搞大开发。"中共四川省委书记彭清华撰文指出，四川省是长江上游重要的生态屏障和水源涵养地。党的十八大以来，四川省认真贯彻党中央关于生态文明建设的重大决策部署，坚定落实习近平总书记在两次长江经济带发展座谈会上的重要讲话精神，自觉肩负维护国家生态安全的重任，牢固树立和认真践行新发展理念，坚持共抓大保护、不搞大开发，坚定走生态优先、绿色发展之路，积极融入长江经济带发展，不断筑牢长江上游生态屏障。

　　遂宁市位于长江上游（图1-4），是长江生态屏障建设的重点区域之一，江河密度高，水质状况良好，借助全国水生态文明城市建设试点之机，进一步加强水生态文明建设，对长江经济带建设和长江水资源保护，意义深远。其生态环境质量，

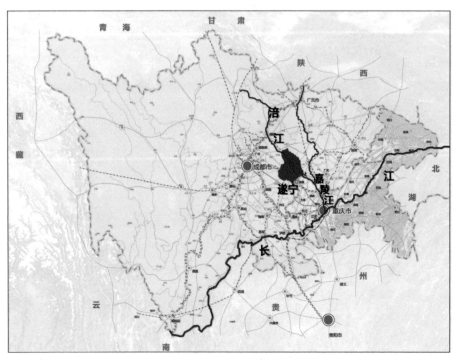

图1-4　遂宁在长江流域的位置

直接影响到下游众多省市群众的安居乐业和健康生活。因此，树立大局观、长远观、整体观，坚持生态优先和绿色发展，搞好生态建设和环境保护，是遂宁市人民义不容辞的历史责任，也是党中央和下游群众对遂宁的殷切期望。建设海绵城市，不仅能切实改善遂宁市城市自身的水环境和水生态，还能为下游众多城市和广大群众提供一江清水。

1.3.2 提升城市品质的重要基础

近年来，遂宁市深入实施"城镇优化""环境提升"等兴市计划，着力营造宜居宜业宜游的城市环境，成效显著，如今的遂宁，已经成为四川省最靓丽的城市之一。但受历史原因和地理条件的影响，遂宁市在城市水资源利用方面还存在着"水多"（城市防洪排涝压力大）、"水脏"（内河污染较为严重）等问题（图1-5）。特别是中心城区排水系统不完善、排水设施老旧、地下管网建设标准偏低、防洪能力不足等问题比较突出，导致出现"逢雨必涝、雨后即旱"以及水污染严重等环境问题，城市排水防涝压力巨大。

建设海绵城市，无疑是遂宁市目前解决上述问题的最有效方式。一方面，有助于解决遂宁多年来频繁发生的暴雨洪灾等问题，增强区域自然生态调节能力，减少城市内涝灾害；另一方面，也有利于解决城市水资源短缺和从源头上削减污染，从而有效解决"城市病"和城市功能短板的问题。这些都将有力引领遂宁未来城市治水由灾害管理向资源化、生态化管理方式转变，有效促进城市建设上档升级。通过营造优美的人居环境，有效保障和改善民生，提高市民幸福生活指数，不断增强人民群众的获得感。

1.3.3 实现可持续发展的必由之路

党的十九大报告指出，人类必须尊重自然、顺应自然、保护自然，因为"人与自然是生命共同体"。正因如此，新时代中国特色社会主义现代化建设"必须坚持节约优先、保护优先、自然恢复为主的方针，形成节约资源和保护环境的空间格

图1-5 遂宁市"水多""水脏"

局、产业结构、生产方式、生活方式，还自然以宁静、和谐、美丽"，海绵城市建设无疑是最佳实现方式和路径，其规划的科学性直接决定着新时代中国特色现代化的"品质"。同时，作为一种全新的城市发展理念和方式，建设海绵城市是党和人民赋予城市建设者的重要使命，是城市转型升级发展的重要抓手，是落实生态文明建设的重要举措，是修复城市水生态、改善城市水环境、提高城市水安全的重要手段，是促进群众安居乐业的重要保障。建设海绵城市，事关我国新型城镇化建设成效，势在必行，刻不容缓。

绿水青山就是金山银山，遂宁市目前最大的优势就是环境优势。近年来，遂宁市多项经济发展指标位居四川省前列，在很大程度上得益于良好的生态环境吸引了众多外来投资。遂宁市经济要想得到持续健康发展，必须坚定不移走生态优先、绿色发展之路，正确把握环境保护和经济发展的关系。

1.4

天时地利——遂宁建设海绵城市的良好基础

1.4.1　良好的自然生态本底

遂宁市是典型的川中丘陵地区，地势四周高中间低，涪江冲击带北高南低，由北向南呈波状缓倾。城区地形较为平坦，自然河湖水系较多，便于雨水的滞、蓄；城区土壤含沙率较高，土壤渗透系数大，便于雨水下渗。遂宁积极打造"一江七河九湖泊"和"两山四岛八湿地"城市生态水系，城市水面将扩增至30余平方公里（图1-6）。届时，遂宁市将成为名副其实的"中国西部水都"。这些良好的自然生态本底，为遂宁市建设海绵城市提供了优良的载体（图1-7）。

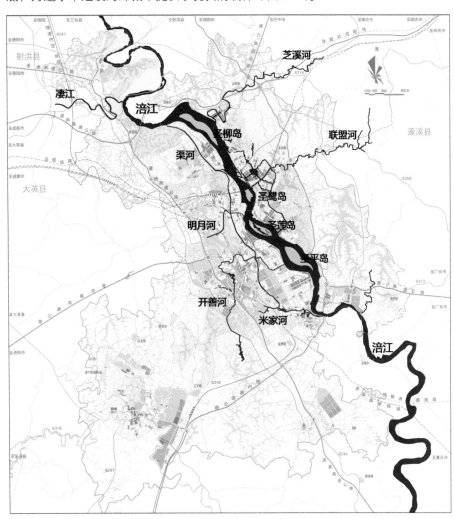

图1-6　中心城区"一江七河四岛"

图1-7　东观音湖湿地公园（左上）、联盟河观音文化园（右上）、环观音湖堤岸柔化（左下）、五彩缤纷南路湿地公园（右下）

1.4.2　长期的绿色发展实践

　　遂宁市早在10多年前就率先在发展绿色经济、建设生态文明方面积极进行探索和实践，提倡坚持绿色发展理念。特别是近年来，遂宁市着力建设绿色城镇，科学预测城市人口、用地、资源情况，充分考虑城市发展对环境可能带来的影响，确定了城市发展边界，划定了生态保护红线，注重城市生态建设和保护。同时在全市推广绿色生产生活模式，淘汰落后产能，倡导绿色建筑、绿色出行和绿色消费。早在2007年，遂宁市便在民盟中央的支持下，积极探索绿色发展之路。2012年，举办了由民盟中央主办的首届绿色经济遂宁会议，此后坚持每两年召开一次（图1-8）。2018年绿色经济遂宁会议主题为"绿色消费、共同责任"，同期召开了绿色消费与供给侧结构性改革、绿色消费与绿色生活方式、绿色消费与海绵城市建设等专题研讨会。议题针对如何制定完善引导绿色消费政策，如何建立绿色消费长效机制，形成绿色生活方式，打造绿色消费文化等一些重要问题。

1.4.3　科学的城市规划引领

　　"规划科学是最大的效益，规划失误是最大的浪费，规划折腾是最大的忌讳。"这是习近平总书记2014年2月在北京考察时强调的城市规划在城市发展中的重要引领作用。而遂宁市在近年的城市建设中全面贯彻落实了这一科学论述，始终注重

图1-8　2016年绿色经济遂宁会议

发挥规划的引领作用，强化源头控制、过程监管，通过结果客观科学地检验和评价实效。组织修订了城市总体规划，明确了城市蓝线、绿线、紫线、黄线控制范围，要求切实保护自然山体、水体，依山就势、因水制宜，布局新区和各类建设用地，这些都不同程度地运用了海绵城市建设中低影响开发的理念。中心城区确定了"南延北进、拥湖发展，东拓西扩、依山推进"的空间发展战略，着力构建"一城两区五组团"的分散型、组团式城市发展布局，城市组团之间注重利用自然山水隔断，建设"生态花园城""观音文化城"和"创新创业城"，培育国家名城。通过系统科学的规划，最大程度地保护原有的河流、湖泊、湿地、坑塘、沟渠等天然"海绵体"，将开发活动可能造成的影响降到最低，同时通过自然手段进一步提升开发建设前的自然本底品质，实现人与自然的和谐共生、城市在绿水青山中"自然生长"。

1.4.4　理念认知深刻

"领导干部学习不学习不仅仅是自己的事情，本领大小也不仅仅是自己的事情，而是关乎党和国家事业发展的大事情。这也就是古人所说的'学者非必为仕，而仕者必为学'。只有加强学习，才能增强工作的科学性、预见性、主动性，才能使领导和决策体现时代性、把握规律性、富于创造性，避免陷入少知而迷、不知而盲、无知而乱的困境，才能克服本领不足、本领恐慌、本领落后的问题。否则，'盲人骑瞎马，夜半临深池'，虽勇气可嘉，却是鲁莽和不可取的，不仅不能在工作中打开新局面，而且有迷失方向、落后于时代的危险。"这是习近平总书记2013年3月1日在中央党校建校80周年庆祝大会讲话中强调的观点，对海绵城市建设这一全新的城市发展理念和方式而言，无疑是替各级领导干部指明了工作的方向和道路。正因如此，在海绵城市建设之初，遂宁市没有盲目大规模推进项目建设，而是在国家有关部委领导和海绵城市建设有关专家的精心指导下，通过不断的学习，对海绵城市建设的内涵有了比较深刻的理解。

1. 海绵城市：让城市在绿水青山中"自然生长"

海绵城市建设是生态文明建设的重要内容之一，是城市发展转型升级的重要举措。它与国际国内有关组织和专家提出的生态城市、田园城市、低碳城市等概念不仅相辅相成，而且是保障这些概念落地的重要方式和手段。海绵城市建设强调在确保城市排水防涝安全的前提下，充分利用自然山水的雨洪调蓄作用，最大程度地实现雨水在城市区域的自然积存、自然渗透和自然净化，促进雨水资源的循环利用和加强生态环境保护，从而实现让城市在绿水青山中"自然生长"的建设发展目标。

2. 海绵城市：让城市的"血脉"和"呼吸"更加顺畅

一座城市就是一个巨大的生命体，而不是简单的物质堆砌，需要有自然生态的自我调节能力和对自然灾害的自我免疫能力。传统的城市建设模式习惯于战胜自然、改造自然，结果造成比较严重的"城市病"，导致城市既有生理机能逐步退化。习近平总书记倡导的海绵城市正是基于用自然手段恢复城市生命体的生理功能这一理念提出来的。遵循海绵城市建设理念建设的城市才能"血脉畅通"，才能"呼吸顺畅"，才能生气蓬勃。诚如最近一次中央城市工作会议强调的："城市发展要把握好生产空间、生活空间、生态空间的内在联系，实现生产空间集约高效、生活空间宜居适度、生态空间山清水秀。城市工作要把创造优良人居环境作为中心目标，努力把城市建设成为人与人、人与自然和谐共处的美丽家园。要增强城市内部布局的合理性，提升城市的通透性和微循环能力。"

3. 海绵城市：让城市在道法自然的建设中更加健康

海绵城市建设是一个系统工程，旨在实现雨水的自然积存、自然渗透、自然净化，以构建跨尺度水生态基础设施为核心，通过系统性的城市防洪体系的构建、生物多样性的保护、栖息地的恢复和绿色出行网络构建等措施，最终综合解决城市内涝、水体黑臭等一系列"城市病"。用自然生态的思维和理念对城市及街区进行统筹规划和建设，系统解决城市建设存在的诸多问题，才是海绵城市建设的精髓和根本，才是海绵城市建设的真谛和正道。尊重自然，道法自然，人与自然相处如此，城市发展亦如此。遂宁的海绵城市建设还为我国"海绵城市"的名词解释提供了一种最佳答案：自然生长！其中的"自然"二字着实玄妙，虚实之间，幻化无穷。实者，大自然，天、地、人，世间万物，悟道而认知；虚者，自然规律，认知而遵循，始于自然，归于"自然"。唯如此，海绵城市建设才能永远散发青春和活力，城市的建设发展才会更加健康和具有生命力。

1.5

海绵城市建设愿景

1.5.1　修复城市生态格局，构建长江上游生态屏障

遂宁市因涪江穿城而过，天然形成"一江七河、两山四岛"的自然生态格局，拥有优越的自然生态本底。尽管遂宁市的城市建设发展一向注重对生态环境的保护，以往的城市开发也主要基于城市生态格局开展，较好地保存了原有自然生态本底，但只要有开发，就难免产生破坏，不可避免地对自然生态环境造成一定影响。这种破坏和影响在水生态方面主要表现为：连片硬质铺装阻隔了雨水入渗途径，改变了局部的自然水文流态；大量硬质堤岸建设，阻隔了河道与陆地生态系统之间的联系。

摸清症结，方可对症下药，做到药到病除。遂宁市的海绵城市建设重点正是从以上两个方面入手，通过增加生态堤岸、恢复原有雨水径流路径，从而达到修复水生态、恢复城市健康生态格局的目的。

遂宁市全面推广海绵城市建设，除了解决好自身存在的问题外，作为长江上游的重要生态屏障，还肩负着控制洪水峰值流量、净化水质，从而有效改善长江中下游城市水环境、保障长江中下游水安全的职责和使命。

1.5.2　治理城市综合病症，补齐城市建设环境短板

1．治理内涝

遂宁市老旧城区主要存在雨水管渠设计标准低、管渠过水能力不足、暴雨时易形成内涝等问题。经全面摸排和专业评估，老旧城区一年一遇降雨条件下，超负荷运行的管道占26.9%。对此，遂宁市海绵城市建设率先从内涝点治理及管渠标准提升两方面入手，采取"一片一策"治理方式，消除现状17个内涝风险点；通过在源头采取海绵化改造、末端强排等措施，全面提升老旧城区整体抗内涝风险能力。

2．削减污染

统计数据显示，涪江干流的水质常年保持在Ⅱ～Ⅲ类，水质状况良好。但城区段的联盟河、明月河等水质均为劣Ⅴ类，且呈重度富营养状态，主要污染物为氨、氮、磷和其他有机物。由于内河流量较小，水体自净能力较弱，加之雨水面源污染及部分污水直排入河，导致城市内河污染严重。遂宁市以明月河黑臭治理、联盟河水质提升为抓手，统筹治理小流域水环境污染。同时，采取截污纳管、雨污分流等

改造措施，确保水体长制久清，水环境品质得到有效保障。

3. 提升老旧小区居住品质

由于历史原因，遂宁市老旧小区居住品质不高，舒适度明显不如新区。但老旧小区也是遂宁市人口最为集中的区域，多个片区人口密度超过3万人/km²。居民对小区空间、排水设施、停车设施、照明设施诉求最为强烈。因此，遂宁市在海绵城市建设推进过程中，避免重复建设、反复开挖，同步关注老旧小区整体居住品质提升，通过一次性改造实现"路平、水通、灯亮、景美"等多个目标。

1.5.3　形成可借鉴可复制经验模式，全域推进海绵城市建设

根据《国务院办公厅关于推进海绵城市建设的指导意见》（国办发〔2015〕75号）精神，遂宁市明确了到2020年、2030年海绵化改造的范围，同时明确了"规划引领、试点打样、全域推进"的总体方案。遂宁市精选了老旧城区、新区建成区、拟建城区3种类型区域，以及建筑小区、市政道路、公园湿地、排水设施、能力建设、生态修复、供水保障7种项目类型，涵盖了遂宁全域及所有项目类型，通过试点建设形成可复制可借鉴可推广的经验模式，迈好"全域海绵"第一步。

1.5.4　技术指标体系

遂宁市海绵城市建设技术指标体系如表1-1所示。

遂宁市海绵城市建设技术指标体系　　　　　　　　　　　　　　　　　　　　　　　　　　表1-1

序号	类别	指标名称	指标要求
1	水生态	年径流总量控制率	≥75%（25.7mm）
2		生态岸线恢复	100%
3		地下水位	维持不变
4	水环境	地表水体水质达标率	100%
5		面源污染削减率	≥45%
6	水资源	污水再生利用率	≥20%
7		雨水资源利用率	≥2%
8	水安全	管渠标准	一般地区2~5年，重要地区5~10年
9		防涝标准	有效应对不低于30年一遇的暴雨
10		防洪标准	远期涪江按100年一遇标准（近期50年一遇），其余河流20年一遇标准设防

1.6

海绵城市建设试点区域

1.6.1 试点区域简介

遂宁市海绵城市建设试点区位于中心城区"一城两区五组团"中的"一城"，为中心城区最核心的区域，人口最密集、经济最活跃。包含河东新区、圣莲岛以及部分老旧城区，总面积为25.8km²，涉及老旧城区、次新城区、拟建城区三种不同层次的城市发展类型（图1-9、图1-10）。从自然生态环境尤其是水资源方面看，与涪江关系密切。除涪江干流外，还有明月河、联盟河流经试点区域。

1.6.2 试点区覆盖三类区域

1．老旧城区

遂宁市海绵城市建设老旧城区试点面积共计2.4km²，包括明月河、涪江右岸两个汇水分区。该区域多在20世纪80~90年代开发建设，建筑密度大，建筑风貌乱，

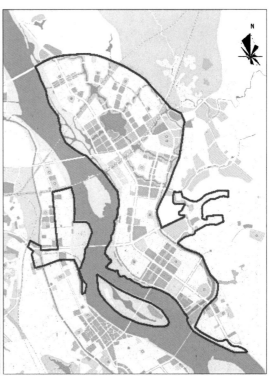

图1-9　遂宁市海绵城市建设试点区区位图

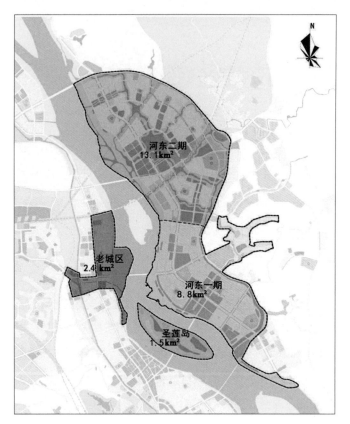

图1-10 遂宁市海绵城市建设试点区三类区域

图1-11 河东一期俯视图

绿地面积少，硬质铺装多，道路路况差，城市生活承载能力弱（表1-2）。特别是地下雨污管网问题较多，普遍存在标准偏低、污水直排、雨污混接、设施破损严重等现象。

2．次新城区

遂宁市海绵城市建设试点次新城区主要包括河东一期（图1-11）及圣莲岛，

2015年老旧城区建设用地类型 表1-2

用地名称	用地面积（km²）	所占比例（%）
居住用地	106.6	43.7%
公共管理与公共服务用地	13.4	5.5%
商业服务设施用地	10.8	4.4%
公用设施用地	1.3	0.5%
绿地用地	17.4	7.1%
建设用地合计	149.5	61.2%
水域	2.6	1.1%
其他	92.0	37.7%

其中河东一期面积约8.8km²、圣莲岛面积约1.5km²。次新城区绿化条件较好，绿化面积占规划用地比例19.3%，同时水域面积较大，地面硬化程度相对较低（表1-3）。河东一期及圣莲岛多数工程项目建于2007年之后，地上地下设施使用年限不长，整体功能较为完善。

次新城区用地类型   表1-3

用地名称	用地面积（km²）	所占比例（%）
河东新区		
居住用地	286.6	32.5
公共管理与公共服务用地	116.1	13.2
商业服务设施用地	91.5	10.4
工业用地	0.0	0.0
道路交通用地	163.0	18.5
公用设施用地	9.8	1.1
绿地用地	170.0	19.3
建设用地合计	837.0	95.0
水域	37.5	4.3
其他用地	6.7	0.7
圣莲岛		
居住用地	31.03	20.0
公共管理与公共服务用地	15.74	10.2
商业服务设施用地	13.12	8.5
绿地用地	29.11	18.8
建设用地合计	89	57.4
水域	27.1	17.5
其他用地	38.9	25.1

3. 拟建城区

遂宁市海绵城市建设拟建城区区域主要位于河东二期，总面积约13.1km²，基本属于待建区域（图1-12）。河东二期已纳入近期建设计划，拟打造成为集居住、政务、商务、休闲、文化、旅游为一体的现代化生态新城。

1.6.3　不同区域面积的确定

遂宁市海绵城市建设划定的25.8km²试点区域中，老旧城区2.4km²、次新城区10.3km²、拟建城区13.1km²（图1-13）。不同类型区域面积占比不同，原因如下：

1. 与城市同类型区域比例相当

遂宁市中心城区建成区面积为78km²，其中老旧城区约12km²，次新城区域面积约66km²。《遂宁市城市总体规划（2013—2030）》提出，中心城区到2030年建成区面积达到160km²，城市在未来10多年，拟建区域的面积为82km²。老旧城区、次新城区、拟建城区的占比分别为7.5%、41.3%、51.2%（图1-14）。

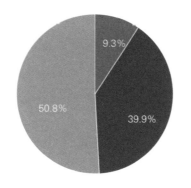

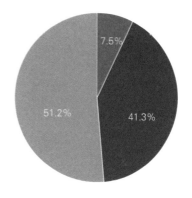

图1-12 拟建城区规划图

图1-13 遂宁市海绵城市建设三种类型试点区域
面积占比

图1-14 2015年遂宁市中心城区三种类型区域
面积占比

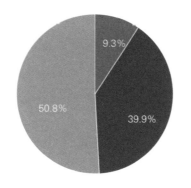

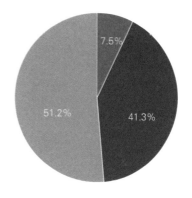

■ 老旧城区　■ 次新城区　■ 拟建城区

■ 老旧城区　■ 次新城区　■ 拟建城区

遂宁市海绵城市建设试点结束后，拟全域推广，在试点期间，先进行试点打样，再全域推进，三类试点区域选取的面积宜与城市整体情况相当。

2．试点期建设时间及资金的需求

遂宁市海绵城市建设老旧城区涉及领域最广、改造难度最大、改造耗时最长、资金需求量最大。因此，在试点区域内适当调低了老旧城区面积占比。遂宁市海绵城市建设试点在初步摸索出老旧城区改造模式之后，已决定对试点区外其他老旧城区实施改造。其中，盐关街片区海绵化改造项目已完成实施，镇江寺片区"城市双修"及海绵化改造项目已进入实施阶段。其余5个老旧片区，也已纳入近期改造计划，总投资近30亿元。

1.6.4 所选区域代表性

遂宁海绵城市建设试点区域选择经对比酝酿，决定老旧城区选择明月河沿线部

分区域，次新城区选择河东一期、圣莲岛，拟建城区选择河东二期作为试点区域，

其原因如表1-4所示。

各类型试点区域选择原因 表1-4

区域类型	所选范围	选择原因	备选区域
老旧城区	明月河沿线部分区域（明月河、涪江右岸汇水分区）	（1）明月河为黑臭水体，便于黑臭水体治理与海绵城市建设联动。 （2）内涝问题突出。 （3）基础设施薄弱、城市功能不完善，具有代表性。 （4）临近涪江，所选区域包含92hm²沿江湿地，便于探索老旧城区与海绵湿地连片打造模式。 （5）管辖权涵盖三方行政主体，便于探索海绵城市建设联动机制	镇江寺片区、介福桥片区、南津路片区代表性相对较弱
次新城区	河东一期、圣莲岛（圣莲岛、涪江左岸、联盟河左岸、联盟河右岸汇水分区）	（1）区域基本建成，城市体系基本完善。 （2）位于联盟河与涪江之间，与城市水系关系密切	物流港一期、南强片区、金桥片区，均处于建设中
拟建城区	河东二期（东湖水系汇水分区）	（1）开发时限最近，2015—2017年为区域基础设施建设起步时段。 （2）水网最为密集，涉水内容最多。 （3）位于城市水系上游。 （4）新区与建成区形成连片效应	物流港二期、凤台组团、龙凤组团，零散、近期建设量不大

第 **2** 章

海绵城市建设
方案

2.1

基础条件分析

2.1.1　地形地貌

遂宁市海拔高程为300～600m，地势北高南低，沟谷河流纵横。市境西北部为低山，海拔500～600m；低山以南是深丘，海拔400～500m；中部、南部中浅丘镶嵌其中，谷坡陡峻。中心城区最低高程270m、最大高程约为300m，属涪江沿岸平坝区，地形坡度基本保持在10%以下。

遂宁市地质构造简单，褶皱平缓，地貌类型单一，属中生代侏罗纪岩层，经流水侵蚀、切割、堆积形成的侵蚀丘陵地貌。丘陵约占遂宁总面积的70%，河谷、台阶地占25%，低山占5%（图2-1）。

2.1.2　河湖水系

遂宁市河湖水系按流域特征，中心城区可分为3个流域。其中，涪江流域汇水面积627km²，磨溪河流域汇水面积125km²，琼江流域汇水面积233km²。涪江流域内包含新桥河、明月河、开善河、米家河、芝溪河、联盟河、倒溪河7条主要河流（图2-2）。其中，明月河、联盟河、开善河位于中心城区建成区范围内。

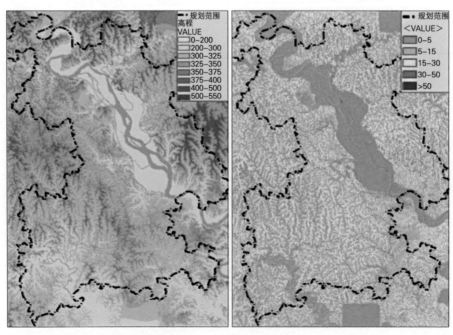

图2-1　遂宁市海拔高程及地形坡度分布情况

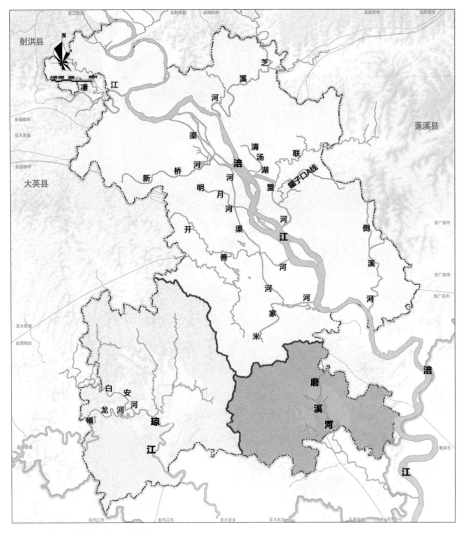

图2-2 遂宁市河湖水系流域分区图

　　涪江遂宁市中心城区段河道长度35.3km，因过军渡电站的修建，在中心城区形成了较大的水面，称观音湖，观音湖水面面积14.8km²。因河段内黄连沱位置有渠河（设计引水流量150m³/s）取水工程，黄连沱以下涪江在枯水期（12月~4月）基本无来水补给（表2-1、表2-2）。

主要河道断面信息统计表　　　　　　　　　　　　　　　　　　　　　　　　　　　　　　　　　　　　　　　表2-1

河流名称	涪江	渠河	明月河	开善河	联盟河
断面形式	梯形	梯形、矩形	梯形、矩形	梯形、矩形	梯形、矩形
河长（km）	35	27	8.4	34.8	37.9
河道宽度（m）	850~2000	22~90	10~40	20~40	15~90
河底标高（m）	282.5~262.5	281.0~260.0	337.0~273.0	340.0~266.0	440.0~269.0
堤顶标高（m）	286.0~277.5（大部分河道）	286.0~265.0（人工渠）	290.0~276.0（部分河段渠化）	282.0~276.0（广德寺以下）	281.3~279.7（大拇山以下）

河流名称	涪江	明月河	开善河	联盟河
河流常年洪水流量（m³/s）	8713	21.3	84	105
河流常年洪水位（m）	287.97～271.54m（犀牛堤：276.4m）	—	—	—
20年一遇洪水流量（m³/s）	22154	70.4	249	365
20年一遇洪水位（m）	290.08～275.5m（犀牛堤：279.5m）	—	281.0～275.5m（广德寺至河口）	279.28～280.39m（河口以上7km）
50年一遇洪水流量（m³/s）	27560	193	—	405
50年一遇洪水位（m）	290.99～275.94m（犀牛堤：280.45m）	283.47～275.5m（月西桥至河口）	—	279.28～280.49m（河口以上7km）
100年一遇洪水流量（m³/s）	305.00（犀牛堤：281.22m）	—	—	—
堤顶防洪标准（X年一遇）	50年一遇、20年一遇	50年一遇、20年一遇	50年一遇、20年一遇	20年一遇
多年平均流量（m³/s）	432	0.135	0.97	0.8
年平均径流量（亿m³）	136.236	0.043	0.306	0.252
统计范围	黄连沱滚水坝至过军渡大坝	全段	全段	全段

2.1.3　地质土壤

按照土壤类型，遂宁市中心城区可分为涪江平坝区和红土丘陵区两类。涪江平坝区位于涪江沿岸，土壤以砂砾为主，渗透性较好。红土丘陵区位于城区周边山地，以红色砂岩、泥岩为主，土壤渗透性较差。

涪江平坝区，主要包括老旧城区、国开区南强片区、河东新区等，土层自上而下为填土、耕土、粉土、粉砂、砾石、卵石和泥岩，其中粉砂渗透系数为5～10m/d。相对远离河岸的红土丘陵区，主要包括国开区西宁片区、西部现代物流港、安居区等，土层自上而下依次为填土、黏土、粉质黏土、泥岩。其中，粉质黏土渗透系数为$4×10^{-4}～4×10^{-3}$m/d。

由于含水层孔隙性质的不同，遂宁市中心城区地下水可分为两种类型：涪江平坝松散岩类孔隙水和红层丘陵基岩裂隙水。松散岩类孔隙水，主要分布在涪江沿岸的一级阶地上，分布面积464km²，约占总面积的9%，主要含水层为第四系全新统（Q4）砂砾石层，厚约5～12m，其含水性较强，富水程度强至中等。地下水资源主要通过降水和地表水渗透补给。

2.1.4　降雨特征

1．气象特征

遂宁市属四川盆地亚热带湿润季风气候，夏秋多雨，冬春干旱。多年平均气温17.0～17.4℃，年内最冷月（1月）平均气温6.1～6.4℃，年内最热月（7月）平均气温27.1～27.4℃。最大年降雨量达1311mm，最小年降雨量为550mm。年均降雨

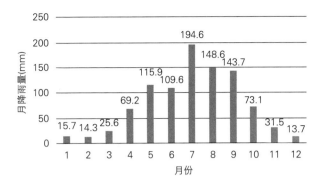

图2-3　遂宁市月均降雨量分布图

量为928~993mm，年均蒸发量1100mm。水面蒸发平均为790mm，陆面蒸发平均为590mm。遂宁市月降雨量如图2-3所示。

采用不同降雨时间间隔对1983—2016年逐分钟降雨量数据进行降雨场次划分，结果表明降雨时间间隔为24h、12h对应的年均降雨场次数分别为43次和64次（表2-3）。

不同降雨场次数出现年数统计　　　　　　　　　　　　　　　　　　　　　　表2-3

	场次数	30~40	40~50	50~60	60~70	70~80	80~90
出现年数	2h	0	3	6	15	5	1
	6h	1	5	10	13	1	0
	12h	1	13	15	1	0	0
	24h	9	20	1	0	0	0

城市降雨以中小降雨为主。按照国家气象部门规定的降水量标准，24h降雨量小于24.9mm的降雨为中小降雨。根据降雨场次划分结果，遂宁市小于24.9mm降雨场次频率达到75%~80%（表2-4）。

场降雨量分析统计表（单位：mm）　　　　　　　　　　　　　　　　　　　表2-4

场次控制比例	60%	65%	70%	75%	80%	85%	90%	95%	100%
场次控制率（2h）	9.3	10.5	12.4	15.3	18.8	23.5	32.3	47.8	517.9
场次控制率（6h）	10.1	12.2	14.3	17.5	21.4	26.8	36.3	55.0	519.5
场次控制率（12h）	11.7	14.1	16.8	20.6	24.4	30.5	43.3	60.3	519.5
场次控制率（24h）	15.3	18.1	21.5	25.7	30.7	41.0	54.1	71.5	519.5

2．设计日与典型年降雨选取

采用近30年分钟降雨量数据，分别按照2h、6h、12h、24h时间间隔进行降雨场次划分，结果表明，70%场次控制率对应的设计降雨量为13~22mm，90%场次控制率对应的设计降雨量为31~52mm。

综合考虑降雨场次与年降雨量等因素，以2007年作为典型年进行年降雨特征分析。根据遂宁国家基本气象站近30年逐日降雨资料，2007年降雨量为933.7mm，而近30年日平均降雨量为935mm，二者接近。根据降雨场次分析结果，2007年降雨场次数与多数年降雨场次分布接近。利用2007年分钟降雨量对溢流控制效果、海绵设施建设效果进行评估。

3．设计降雨雨型

根据分钟降雨数据建立Pilgrim & Cordery雨型、同频率雨型及芝加哥雨型等三种雨型。Pilgrim & Cordery方法建立在大量降雨过程统计分析的基础上，能够反映地区实际降雨过程（图2-4）；同频率分析方法主要用于洪水、暴雨的时程分配，有助于确定内涝调蓄池和雨洪利用设施规模（图2-5）；芝加哥雨型从暴雨强度公式得出，仅仅是暴雨强度公式的再分布。由计算结果可以看出，Pilgrim & Cordery法设计降雨雨峰靠前，这一特征决定遂宁市海绵城市建设将更有利于中小降雨的控制与利用；同频率法设计降雨雨型峰值居中，用于防涝系统评估设计。

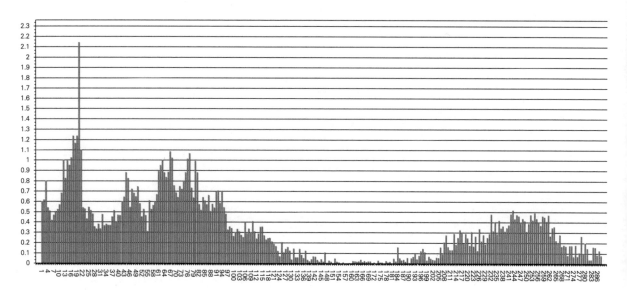

图2-4　1440min Pilgrim & Cordery法设计暴雨雨型（中雨）

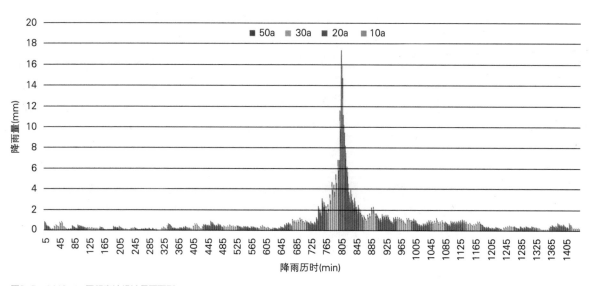

图2-5　1440min 同频率法设计暴雨雨型

遂宁市暴雨强度公式：

$$q = \frac{1802.687 \times (1 + 0.763 \lg P)}{(t + 17.331)^{0.658}}$$

式中　　q——降雨强度；

　　　　P——设计重现期；

　　　　t——降雨历时。

采用芝加哥雨型计算短历时设计降雨雨型，通过统计确定雨峰位置系数为0.424（图2-6）。

4．年径流总量控制率

根据《海绵城市建设技术指南——低影响开发雨水系统构建（试行）》，通过对近30年日降雨量（遂宁国家基本气象站数据）统计分析，得到不同年径流总量控制率对应设计降雨量（图2-7、表2-5）。

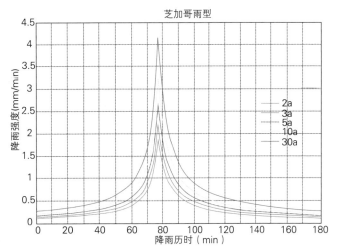

图2-6　180min芝加哥雨型

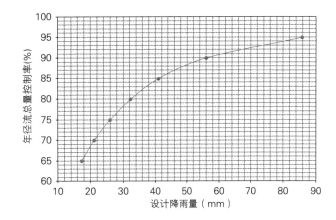

图2-7　年径流总量控制率曲线图

年径流总量控制率与设计降雨量对应数值表　　　　　表2-5

年径流总量控制率（%）	60	65	70	75	80	85	90
设计降雨量（mm）	14.2	17.2	20.9	25.7	32.1	41.1	56.4

2.2
老旧城区海绵城市建设系统方案

2.2.1　基本情况介绍

　　试点区内老旧城区位于涪江右岸，建成区北部，明月河下游，北至广灵街，东至涪江，西至遂州北路及西山北路，南至嘉禾东路及介福东路，总面积约为2.4km²。试点区内老旧城区为侵蚀堆积河谷平坝地形，最低高程约260m，最大高程约300m，地势自西北向东南缓倾，相对坡度较小（图2-8、图2-9）。区内为堆积平原地貌，区外西侧为侵蚀剥蚀丘陵地貌。

　　老旧城区内主要水系为涪江、明月河。涪江自北向南沿老旧城区东侧，明月河自西向东由老旧城区南部穿城而过。涪江属嘉陵江右岸的一级支流，水系发达，支流众多，流域面积36720km²。城区段河道长度35.3km，因过军渡电站的修建，在中心城区内形成了水域面积14.8km²的观音湖。明月河为涪江右岸支流，发源于试点区外围西北侧山麓，自西向东流向，在通德大桥下游约220m处汇入涪江。明月河干流全长8.4km，全

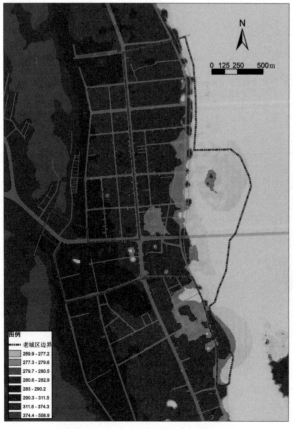

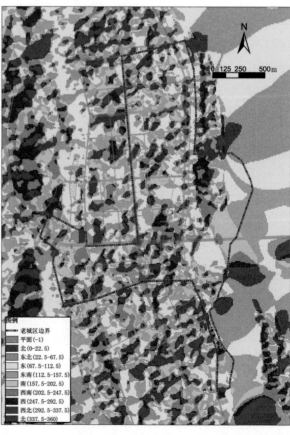

图2-8　老旧城区地形分析图　　　　　　　　　　　图2-9　老旧城区坡向分析图

图2-10　明月河流域及试点区内老旧城区范围

流域面积16.3km²，河口多年平均流量0.135m³/s，多年平均来水量430万m³。

明月河流域全部位于城市建成区内，现状城市建设用地占流域总面积的34%，其中居住用地占比11%，工业用地占比14%，工业用地主要位于河道上游（图2-10）。明月河沿岸分布35个排口，2个污水提升泵站溢流口，各段建设情况差异显著（图2-11）。

2.2.2　现状问题及成因分析

1．水环境问题与成因

明月河为劣V类水质，污染严重，主要超标因子为化学需氧量（COD_{cr}）、氨氮（NH_3-N）。监测结果表明，COD_{cr}、NH_3-N最高浓度分别为40.8mg/L、1.98mg/L。2014年以来NH_3-N呈明显增加趋势（图2-12）。

（a）南侧支流

（b）渠河西侧

（c）箱涵内部

图2-11　明月河河道现状图

图2-12 明月河2011—2015年NH₃-N浓度变化

截污不彻底。试点区内现有雨水、污水排口18个。其中旱季无出流排口7个；旱季有出流排口8个；污水直排口3个。直接排入涪江排口1个，为旱季有出流排口，其他17个排口排入明月河。

雨污混接错接。试点区及其上游雨水管、污水管网混错接点共计188个（市政污水排入雨水管点9个，雨水排入污水管点13个；地块内污水外排排入雨水管点81个，雨水排入污水管点85个）。

合流制溢流污染。采用2007年实际降雨数据对凯丽滨江、体育馆两座泵站溢流量进行模拟计算。凯丽滨江泵站溢流次数高达21次，年总溢流量为24.1万m³，最大单次溢流量为7.6万m³，占总溢流量的31.2%。最小5mm降雨泵站即开始溢流。现状典型年体育馆污水提升泵站溢流20次，年总溢流量为9.30万m³，最大单次溢流量为3.3万m³，占总溢流量的36.3%。

雨水径流污染。经模拟计算，设计降雨条件下试点区内各排口降雨径流入明月河总流量为10722.63m³。根据监测结果，试点区内老城区降雨径流COD_cr、NH₃-N浓度分别为100.3mg/L、5.1mg/L。降雨径流污染中COD_cr、NH₃-N入河污染负荷分别为1070.59kg、54.44kg，分别占设计降雨条件下入河污染物总量的47%、16%。

河道内源污染。明月河底泥中总磷等营养盐类指标浓度较高，当水体流动性较差时，极易引发水体富营养化，存在较高的环境风险。通过分析底泥污染物构成及COD_cr、NH₃-N释放规律。结果表明，试点区内明月河河道底泥释放中COD_cr、NH₃-N污染负荷分别为255kg/d、31kg/d，分别占设计降雨条件下入河污染物总量的10%、8%。

河道生态功能退化。明月河试点区范围内河道长度约为2km，河道硬质比例达到95%以上，河道本身生态自净能力有限。

2.水安全问题与成因

老城区片区内涝积水点零散分布于城区内。经统计，内涝积水严重的地区为船山区人事局及川中大市场地区。经模型评估，30年一遇设计降雨（252.5mm/24h）条件下，川中大市场、人事局宿舍等内涝风险区地面积水时间长达60min（表2-6）。

城市下垫面过度硬化。对滨江路以西试点区内各排口汇水区（261hm²）进行下垫面统计分析，老城区硬质下垫面比例高达76%。地面硬质化导致雨水汇集时间短，径流峰值流量大，持续时间长，管道排水压力过高。

管道排水能力不足（图2-13）。老城区排水管网建设起步年代较远，经模型评

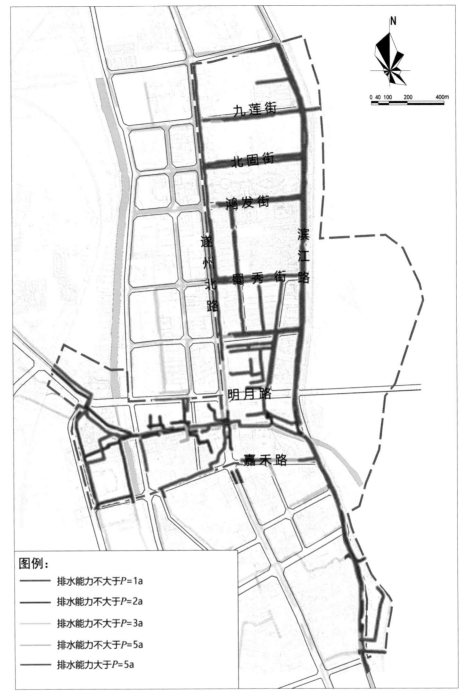

九莲街

北固街

鸿发街

遂州北路

蜀秀街

滨江路

明月路

嘉禾路

图例：
—— 排水能力不大于 $P=1a$
—— 排水能力不大于 $P=2a$
—— 排水能力不大于 $P=3a$
—— 排水能力不大于 $P=5a$
—— 排水能力大于 $P=5a$

0 40 100　200　　400m

图2-13　老旧城区管网排水能力评估图

估，老城区排水标准不足2年一遇管道比例达到91.5%。达到2年一遇设计标准管道
比例仅为8.5%。同时，老城区雨污水管道多建于20世纪90年代初，管道老化堵塞导
致过水断面不足，管网排水能力降低。

局部低洼地区排水设施能力不足。地形分析结果表明，川中大市场等地由于地面
高程低于周边1～2m，周边雨水通过地面径流排入内涝积水点后无法向外排出。川中
大市场内雨水管网接到市政管网仅有1处出口，市政道路管网严重超负荷运行。

蓄排平衡体系不完善。由于老城片区建设密集，公共绿地集中于涪江及渠河沿
岸，受地形影响，片区内基本不存在调蓄空间。受涪江防洪堤及明月河盖板影响，
片区内雨水难以通过地面径流汇入明月河、涪江。地面雨水汇集后主要通过雨水管
渠排入收纳水体。

评价标准	设计重现期	5年一遇	10年一遇	20年一遇	30年一遇
	3h设计降雨量（mm）	87.9	107.3	126.7	138.1
川中大市场	积水面积（水深≥0.15m）（hm²）	1.01	1.15	1.95	2.1
	积水面积（水深≥0.3m）（hm²）	0.28	0.57	0.81	0.95
	积水时间（min）	35	45	55	60
人事局宿舍	积水面积（水深≥0.15m）（hm²）	0.41	0.57	0.74	0.76
	积水面积（水深≥0.3m）（hm²）	0.3	0.42	0.48	0.5
	积水时间（min）	35	45	55	60

2.2.3 总体目标与建设指标

1．总体目标

明月河主要水质指标不低于地表水Ⅳ类水质标准，消除黑臭水体，改善城市水环境。

消除试点区内涝积水点，有效应对30年一遇设计暴雨（252.5mm/24h），城市综合防洪能力满足50年一遇设计标准，保障城市水安全。

2．指标体系

为保证实现老城片区总体目标，制定9项具体指标（表2-7）。

老旧城区指标体系表 表2-7

序号	类别	指标	数值	备注
1	水生态	年径流总量控制率	63%/16mm	片区指标
2		生态岸线恢复	100%	片区指标
3		水环境质量	明月河COD$_{cr}$等主要指标达到Ⅳ类	片区指标
4	水环境	凯丽滨江泵站溢流频次	6次以下	片区指标
5		初雨污染控制	SS：35%	分区指标
6	水资源	雨水直接利用情况	0.5%	片区指标
7		排水防涝	30年一遇（252.5mm/24h）	片区指标
8	水安全	排水管渠设计标准	3~5年一遇（82~92mm/3h）	片区指标
9		城市防洪	50年一遇	片区指标

2.2.4 建设思路

老城片区以问题为导向，重点治理明月水环境问题，消除川中大市场和人事局宿舍内涝积水。在现状本底分析和现状问题量化评估的基础上明确老城片区建设总体目标与具体指标。以明月河水环境整治为出发点，通过控源截污、内源治理、生态修复、活水保质、长制久清等措施改善水环境治理，促进城市污水处理设施向"提质增效转变"。按照径流污染指标削减要求，结合片区适建性分析进行年径流总量控制率指标分解，进而评估源头海绵设施源头减排效果。通过主干雨水管道改造及局部内涝积水点改造，提升系统排水能力，保障片区防涝安全。最后，结合片区系统整治方案，通过项目识别与可达性验证，提出片区海绵城市建设项目库及片区建设方案（图2-14）。

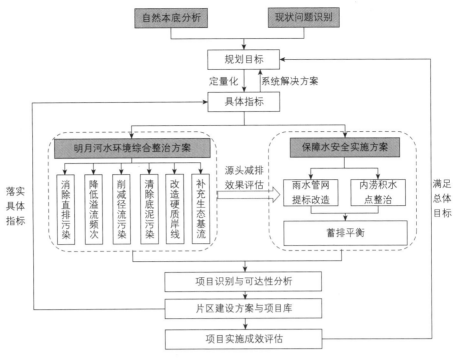

图2-14 老城片区海绵城市建设总体思路

2.2.5 海绵城市建设分区

根据试点区内老旧城区现状及规划管网、雨水排口等要素，将试点区内老旧城区划分为11个排水分区，明月河汇水分区包括5个排水分区；涪江右岸汇水分区包括6个排水分区，其中2-5号排水分区位于滨江北路东侧，属于总体规划确定的非建设用地范围（图2-15）。

2.2.6 水环境治理方案

1. 方案比选

1）方案一：源头削减+过程控制+末端治理

源头削减措施：通过试点区内源头海绵改造，削减径流污染。

过程控制措施：针对试点区内排水系统建设现状，理顺排水体制，仅针对试点区内的市政道路及建筑小区进行混错接及雨污分流改造，实施分流制截污改造。

末端治理措施：在源头削减、过程控制后，针对试点区西侧区域内合流系统经由试点区排入凯丽滨江泵站的情况，新建调蓄设施，提升末端治理能力。

2）方案二：源头削减+过程控制

本方案对试点区及其西侧地区同步进行海绵改造。

源头削减：对试点区及其西侧地区进行源头海绵改造，削减径流污染。

过程控制：对试点区及其西侧试点区外进行管网改造、直排污水截流、污水泵站更新改造。

方案一为试点区内进行雨污分流改造，同时于泵站前建设溢流控制调蓄池，以降低试点区外合流污水经试点区进入凯丽滨江泵站产生的溢流；方案二采用完全雨污分流方案（包含遂州北路以西试点区以外地区）。方案比选结果见表2-8、表2-9。

溢流控制方案经济性比较（单位：万元）   表2-8

改造措施 \ 方案	方案一	方案二
源头	7555	10577
管网改造	11000	17600
溢流控制调蓄池	5000	—
合计	23555	28177

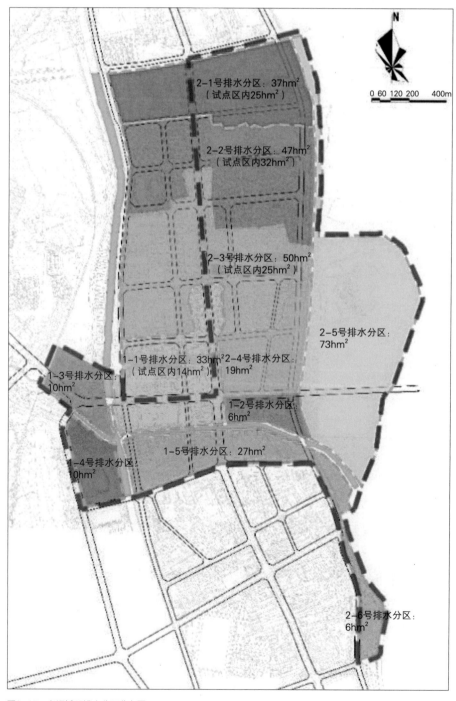

图2-15 老旧城区排水分区分布图

比选因素	方案	方案一	方案二
项目投资		略低	略高
实施难度		中等	高
实施时间		较短	较长
社会影响		好	很好

综合比较两种方案，采用方案一进行海绵城市改造。

2．治理措施

1）控源截污

基于现状排水体制与排口特征分析，针对合流制溢流、分流制混接错接、分流制截污不完善及完全分流制区域，因地制宜地提出初雨污染控制、雨污分流改造、末端调蓄、截污改造及管道清疏等措施（图2-16）。

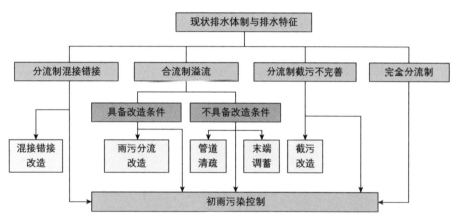

图2-16　老城片区控源截污方案技术思路

控源截污改造后，凯丽滨江污水提升泵站溢流污染负荷降低90%以上。由于排水体制理顺，通过雨污分流改造、分流制截污改造、初期雨水径流控制及末端调蓄设施建设，进入明月河内初期雨水径流量由12185.79m³/d降至9126m³/d，降低25%；进入明月河初期雨水径流污染负荷实际降低约50%。由于试点区建设区域的影响，遂州北路西侧排口仍有少量污水溢流，体育馆污水提升泵站溢流污染负荷降低44%。经复核，出口断面COD$_{cr}$可满足Ⅳ类地表水环境质量要求。由于上游入流NH$_3$-N浓度已超过Ⅴ类水环境质量要求，因此NH$_3$-N按照水体不黑臭要求进行控制，出口浓度不超过8mg/L。

2）内源治理

监测结果表明，明月河流域干流中的封闭暗渠段的底泥中，总氮（TN）和总磷（TP）超过富营养化湖泊的底泥中的同类物质含量，亟须针对该段河流进行清淤，清淤深度以不破坏底部渠道结构为底线，能清则清。

明月河干流暗渠段至涪江入河口689.7m范围内进行清淤。在保证不破坏河道底部结构的基础上，能清则清，清淤深度20～110cm，共计清淤土方量约为5050m³。

降低涪江水位，进行干槽清淤。明月河流域以机械挖掘和人工为主。

清淤得到淤泥，经过土壤治理满足土壤环境标准后可与席吴二洲内的本地种植土混合，用作席吴二洲湿地的林木种植土。对于不满足土壤环境质量标准的土壤，则进行无害化处置。

3）生态修复

为改善明月河水环境质量，通过生态岸线修复进一步削减入河污染负荷，确定岸线设计方案。试点区内明月河生态岸线包含三部分，即西山路—渠河、渠河—滨江路、滨江路—涪江。西山路—渠河段长度约277m，南侧为垂直岸线，紧邻水晶城小区，不具备改造条件；北侧为自然岸线。渠河—滨江路段长度约为990m，现状为12m宽箱涵，不具备改造条件。滨江路—涪江段为梯形断面，结合海绵城市建设进行生态岸线改造，涉及河道长度375m，考虑两侧岸线建设实际情况，采用硬质岸线柔化措施。

4）生态湿地建设

涪江沿岸建设九莲湿地、席吴二洲生态湿地。充分考量功能定位、景观定位、文化定位、形象定位，以滨江沙洲为基底，农田花田为肌理，文化艺术生活为点缀，充分体现"海绵城市"和"城市双修"建设理念，服务老城区，辐射新城区，兼具日常生活休闲与城市旅游景区观光的双重功能的湿地公园。其中，九莲湿地面积约50hm²。席吴二洲湿地在原有生态沙洲的基础上，进行提标改造。

5）活水保质

经计算，明月河生态基流为30L/s。由于明月河与城南污水处理厂距离约7.5km，且尚未修建再生水管线，利用再生水补给生态基流具有一定困难。渠河与明月河现有连通管道，规划拟采用此连通管道补给明月河生态基流。

6）长制久清

组织体系建设方面，制定区、乡（镇、街道）、村（社）三级河长制。区级河长为相应河湖全面落实河长制的第一责任人，对相应河湖管理保护负总责。

巡河督察督导方面，由区级河长组织相关单位和部门，按要求定期开展年度巡河督察工作，调研督导各相关单位和部门4张年度工作清单（目标清单、问题清单、任务清单、责任清单）执行情况。

问题会商协调方面，按属地负责原则，自下而上，逐级会商协调。对跨辖区、跨部门的事项，由各乡镇、街道、工作办和委属相关部门先行会商协调；经会商仍不能解决的，报区级河长协调解决，相应的区级河流联系单位要做好协调服务工作。

考核评估问责方面，区级河长根据领导小组的部署和河湖保护工作实际情况，组织开展河湖管理保护专项评估或第三方评估。对工作不力、考核不合格等需要问责的各乡镇、街道、工作办河长，由区级河长提出问责建议，按有关规定进行问责。

3. 水环境治理效果评估

经计算，明月河COD_{cr}、NH_3-N年环境容量分别为265.35t/a、15.24t/a。海绵城市建设后年COD_{cr}、NH_3-N排放总量为96.2t/a、9.7t/a，满足水环境容量要求。

2.2.7　内涝整治方案

1．治理措施

1）优化调整排水分区

根据试点区内老城区现状及规划管网、雨水排口等要素，将试点区内老城区划分为11个排水分区，明月河汇水分区包括5个排水分区；涪江右岸汇水分区包括6个排水分区，其中2-5号排水分区位于滨江北路东侧，属于总体规划确定的非建设用地范围。

2）源头改造

按照改善水环境的要求，确定各排水分区的径流控制目标。模拟分析结果表明，源头设施对径流峰值削减具有积极作用。

3）排水管渠改造

结合现状管网评估结果，规划对明月路、兴和街、蜀秀街、滨江北路排水管线进行改造。明月路（遂州北路—涪江）新建DN800～DN1500雨水管道，收集明月路以北、兴和街以南地区雨水。

4）蓄排平衡体系构建

区内设205m³的回用模块，剩余需调蓄部分排至上江城南侧的公共绿地下的900m³回用模块，统筹考虑。川中大市场南侧沿明月路铺设DN800雨水管道，向东将雨水排入涪江。

2．内涝治理效果评估

改造后，老城区排水管网排水标准进一步提升，不满足3年一遇设计标准的管道比例由90%降至17%；满足5年一遇设计标准的管道比例达到22%。

海绵城市建设后，老城区采用30年一遇设计降雨进行内涝风险评估，结果表明：老城区内涝积水面明显降低，积水深度小于0.3m的零散面积占总面积的0.44%；内涝积水时间小于30min，无内涝风险。原川中大市场、人事局宿舍周边两处内涝点均已消除，实现了30年一遇内涝防治标准。

2.2.8　小结

老城片区虽然建设面积较小，但问题复杂，是遂宁海绵城市建设的难点。片区内合流制与分流制共存、排水体制不清晰；明月河水体污染严重，已列入国家黑臭水体清单。局部地区由于地形低洼、排水设施不健全等问题导致内涝积水。按照问题导向，老城区重点解决治黑除涝问题。

水环境治理方面，结合现状污染源分析结果，以设计日污染负荷评估为基础，制订污染负荷削减方案。以控源截污为重点，理顺排水体制，实现混错接及雨污分流改造，削减初期雨水径流污染，控制凯丽滨江与体育馆污水提升泵站溢流频次。同时，结合内源治理、生态修复、活水保质、长制久清等措施确定明月河水环境治理的系统方案。

水安全方面，在优化调整排水分区的基础上，通过源头改造、排水管渠改造等措施构建片区蓄排平衡体系，消除内涝积水点，保障防涝安全。

最终实现明月河主要水质指标不低于地表水Ⅳ类水质标准，消除黑臭水体的目标。消除试点区内涝积水点，有效应对30年一遇设计暴雨，城市综合防洪能力满足50年一遇设计标准。

次新城区及拟建城区海绵城市建设系统方案

2.3.1 基本情况介绍

试点区内次新城区、拟建城区位于河东新区。旗山路以南为次新城区，即河东一期，面积8.8km²，为已建区；旗山路以北为拟建城区，即河东二期，面积13.1km²，为未开发区。河东区主要为侵蚀堆积河谷平坝地形，地势由北向南降低；由中部向东、西两侧缓倾，坡向分布均匀，最低高程约277m，最大高程约440m，区内以堆积平原地貌为主，养生谷片区沟谷交错，为侵蚀剥蚀中浅丘地貌。

河东新区外围主要河流是涪江、联盟河。联盟河为涪江分支，由河东新区东侧流过。内部由联盟河支流及其他水渠构成了主要水系骨架，除此之外还散布有坑塘分布，具有较高的生态服务价值。河东新区与试点区内老旧城区土壤分布相似，位于涪江平坝区，土壤以砂砾为主，渗透性较好。通过对河东新区8个典型项目地质勘察报告进行分析，河东新区内地层仍为第四系，一般由沙、砾石、腐殖物沉积构成，根据近年区内建设项目勘查报告，土层主要由第四系填土层（Q4^{ml}）、第四系全新统冲洪积层（Q4^{al+pl}）组成，自上至下依次为填土、耕土、粉土、粉砂、砾石和卵石。

2.3.2 现状问题及成因分析

1. 水环境问题及成因

联盟河水质为劣V类，COD$_{cr}$、NH$_3$-N等关键指标超标。监测数据显示，联盟河入涪江断面COD$_{cr}$、NH$_3$-N平均浓度分别为40.8mg/L、1.8mg/L（图2-17）。

联盟河水质较差原因如下：

上游来水水质较差。联盟河永兴镇污水厂上游为自然岸线，沿线分布大量村庄及畜禽养殖企业，沿岸污水直排或经过化粪池简单处理后排入联盟河。由联盟河水质监测数据可以看出，永兴镇段（4号断面）距涪江入口约9700m，COD$_{cr}$、NH$_3$-N浓度分别为57mg/L、21.6mg/L，远大于联盟河入涪江处（1号断面）COD$_{cr}$（14mg/L）、NH$_3$-N浓度（5.56mg/L）。经测算，上游来水带入试点区内COD$_{cr}$、NH$_3$-N污染负荷分别为10699kg/d、4054kg/d。

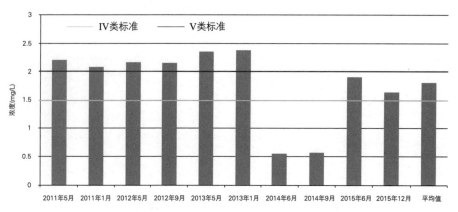

图2-17　2011—2015年联盟河NH₃-N监测结果

城乡接合部旱季污水排放入河。永兴镇污水厂排口至河东一期北部边界的河道位于城乡合接带，沿岸分布合流排口26个。其中，旱季无出流排口4个，旱季有出流排口22个。经测算，居民生活废水接入带来COD_{cr}、NH_3-N污染负荷分别为205kg/d、38kg/d。

雨水径流污染未得到有效控制。河东一期采用分流制排水体制，入河污染以雨水径流污染为主。

内源污染严重。联盟河浅层底泥中的TN、TP等营养盐类指标浓度相对较高，当联盟河的水体流动性较差时，容易引发水体富营养化，存在一定的环境风险。根据底泥检测结果，估算试点区内联盟河水体中COD_{cr}、NH_3-N入河污染负荷分别为1922kg/d、234kg/d。

根据试点区内河段污染负荷分析，试点区内上游带入、生活点源、径流污染及底泥释放中COD_{cr}污染负荷比例分别为52%、1%、37%、10%，COD_{cr}污染负荷比例分别为88%、1%、6%、5%。试点区内联盟河水质污染以上游村镇带入污染及雨水径流污染为主。

2.内涝问题及成因

经模型评估，河东一期积水深度为0.15～0.30m的区域面积占河东一期总面积的1.75%，积水深度超过0.30m的区域面积占河东一期总面积的0.21%（图2-18）。

内涝积水成因如下：

局部地区管网排水能力不足。通过模型评估，河东一期管网仍有15.3%的排水管道未达到一年一遇设计重现期。

局部地形低洼。河东一期沿涪江、联盟河建有防洪堤，防洪堤高程高于场地内地面高程，形成"盆形"结构。受洪水位影响，排水管道排水能力降低。通过模拟计算，涪江20年一遇洪水位条件下，慈音路排口排水能力下降约70%。

蓄排平衡体系不完善。河东一期现状排水以雨水管道为主，缺乏应急强排设施，调蓄空间不足。其中，涪江左岸汇水区面积为328hm²，联盟河右岸汇水区面积为223.5hm²。30年一遇设计降雨条件下，总降雨量为139.3万m³，管道排水量为134.1万m³，地面积水约5.2万m³。

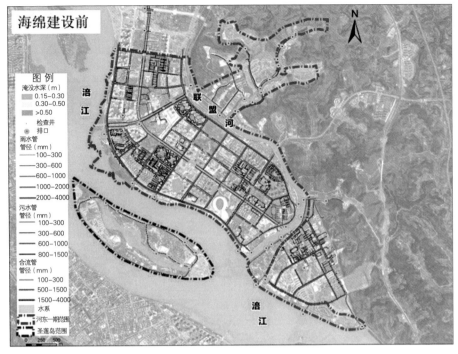

图2-18　海绵城市建设前河东一期内涝风险分析图

2.3.3　总体目标与建设指标

1．总体目标

联盟河主要水质指标不低于地表水Ⅳ类水质标准，改善城市水环境。

消除内涝积水点，有效应对30年一遇设计暴雨，城市综合防洪能力满足50年一遇设计标准，保障城市水安全。

2．指标体系（表2-10）

次新城区指标体系表 表2-10

序号	类别	指标	目标	备注
1	水生态	年径流总量控制率	80%/32.1mm	分区指标
2		生态岸线恢复	100%	分区指标
3	水环境	水环境质量	联盟河达到Ⅳ类，涪江Ⅲ类	分区指标
4		初雨污染控制	48%（以SS计）	分区指标
5	水资源	雨水直接利用情况	3.7%	—
6	水安全	排水防涝	30年一遇（268mm/24h）	分区指标
		排水管渠	3～5年一遇（82～92mm/3h）	管控指标
7		城市防洪	涪江：50年一遇	分区指标

2.3.4　建设思路

已建成区海绵城市建设技术路线如图2-19所示。

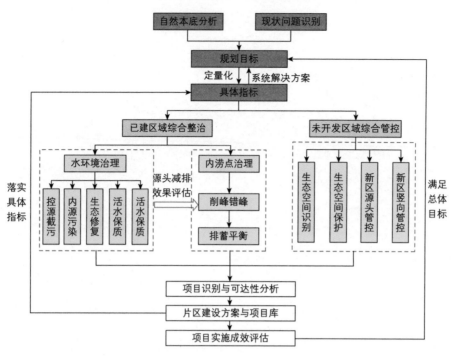

图2-19 次新城区、拟建城区海绵城市建设技术路线图

2.3.5 海绵城市建设分区

1. 汇水分区划分

基于GIS平台，对河东新区自然地形进行流域水文分析，以自然属性为特征，以地形地貌、等高线为依据，将河东新区划分为涪江左岸、圣莲岛、联盟河左岸、联盟河右岸、东湖水系等5个汇水分区。

2. 排水分区划分

结合新建区现状及规划管网、雨水排口、道路竖向等要素，将新建城区划分为24个排水分区。其中，东湖水系汇水区包含10个排水分区，涪江左岸汇水区包含7个排水分区，联盟河右岸汇水区包含3个排水分区，联盟河左岸包含3个排水分区，圣莲岛汇水区为1个排水分区。结合排水分区内项目分布，划定88个项目片区（图2-20）。

2.3.6 自然生态空间保护

1. 水生态敏感空间识别

利用GIS工具，以现有河流坑塘等水面为目的地，寻找水系之间的联系趋势，得到潜在的径流通道，作为雨水汇集廊道。涪江左岸、清汤湖、联盟河等主要河流、湖库、坑塘水面为生态源地，属于海绵高敏感区。稻田、林地及其他沟渠为海绵中敏感区（图2-21）。

2. 自然生态空间格局构建

根据自然本底特征形成—江两湖三河、山城水交织相映的生态空间格局（图2-22）。明确山体、洼地、水系、绿地及水源地的空间保护范围，明确水敏感性生态空间范围。

图2-20　河东片区排水分区分布图

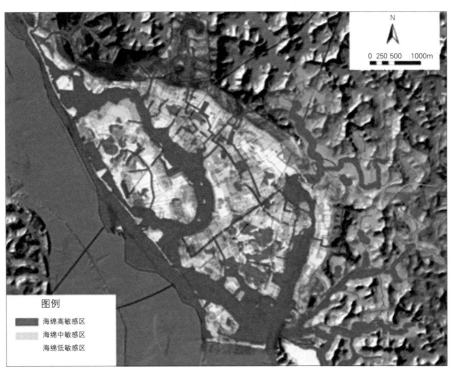

图2-21　河东二期生态敏感空间识别

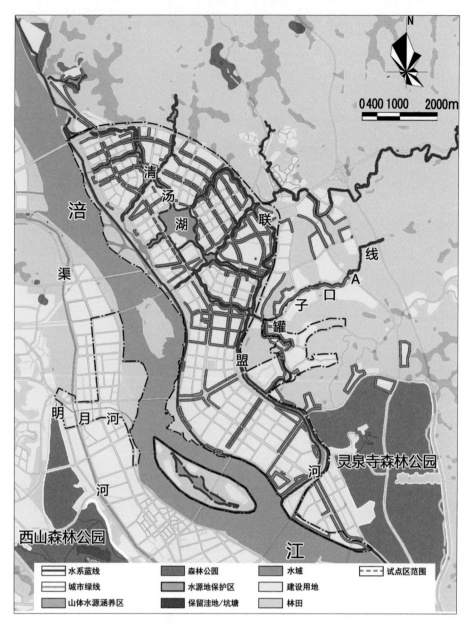

图2-22 河东片区自然生态空间格局构建

3. 管控要求与措施

（1）蓝线管控。蓝线控制范围包括两岸堤防之间的水域、沙洲、滩地、行洪区及堤防、护堤地。根据河段的集水面积、重要性和周边土地利用情况，蓝线划定标准为自堤防背水坡坡脚线作为蓝线控制范围。

（2）绿线保护。绿线分两级控制：一级为刚性控制，严格控制绿线范围内的建设；二级为弹性控制，原则上保持绿地总量不变。结合两级绿线控制划定两级控制区，一级控制区为涪江沿岸的滨江绿带、铁路沿线的防护绿带、道路两侧的防护绿地以及东部的山体绿地，实行刚性控制。一级控制区占绿线控制总面积的92%。

2.3.7 拟建城区管控

1. 生态基础设施建设

按照"三横三纵，多点串联"的总体格局，构建贯穿全城的六道"蓄、释"城市海绵体。河东二期及河东一期未开发区域的城市建设更加强调优先利用植草沟、雨水花园、下沉式绿地等"绿色"措施来组织排水，以"慢排缓释"和"源头分散"控制为主要规划设计理念（图2-23）。

2．开发强度管控

保留项目和已批待建区域土地使用强度控制。原则以已经取得的规划审批文件为准，若因特殊情况经论证后需要进行调整的，其土地利用强度参照一般地区土地使用强度控制。

城市新区居住用地开发，绿地率宜按不低于35%控制。建筑高度上形成与东山相呼应的城市天际线，同时城市内部相邻地块建筑高度相互配合与协调。

按照遂宁市城市总体规划对商业服务业用地容积率及建筑密度进行相关控制，同时考虑地块交通条件、用地规模大小、开敞空间等三大因素，将商业地块容积率分为2.0~3.0、2.5~4.0、3.0~4.0三级，对应建筑密度分别不高于60%、55%、55%。公共服务设施布局与滨水空间相融合，创造具有特色与魅力的城市公共设施景观环境与活动空间。

3．竖向控制

城市竖向规划应结合自然地形，进一步明确主要坡向、坡度、自然汇水路径、低洼区等内容，基于对区内原始地形的分析，优化水系路径及河段功能，减少挖深，避免过度改造原生地貌。

合理组织地表径流，统筹协调开发场地内建筑、道路、绿地、水系等布局和竖向，使地块及道路径流有组织地汇入周边绿地系统和城市水系。

滨水地区的竖向规划应利用好近水空间，宜在滨水地带形成无障碍、易达、连

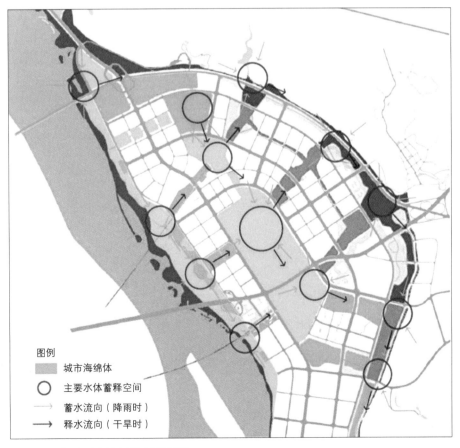

图例

城市海绵体

○ 主要水体蓄释空间

→ 蓄水流向（降雨时）

➔ 释水流向（干旱时）

图2-23 河东二期生态基础设施布局示意图

续的公共空间，满足看水、亲水的同时，提升片区的环境品质、土地价值。

道路设计时充分考虑超标雨水的排放需求，通过竖向以及道路交叉口细部设计，使超出雨水管渠排放能力的径流雨水可以通过路面有组织的排放，在道路与水系相交处，预留超标雨水侧排入水系的开口，作为排水终端。

4．低影响开发

在控制性详细规划以及修建性详细规划阶段应落实城市总体规划及相关专项（专业）规划确定的低影响开发控制目标与指标，因地制宜，落实涉及雨水渗、滞、蓄、净、用、排等用途的低影响开发设施用地；并结合用地功能和布局，将下沉式绿地率、透水铺装率、绿色屋顶率等低影响开发主要控制指标分解至各地块，以指导下层级规划设计或地块出让与开发。

5．规划建设管控

对东湖水系、圣莲岛、联盟河右岸汇水区内的水敏感要素按照蓝线、绿线及山体保护要求进行严格保护，从项目立项起至运维管理止，涵盖项目全生命周期。

2.3.8 次新城区水环境治理系统方案

1．总体思路

以联盟河水环境整治为出发点，通过控源截污、内源治理、生态修复、活水保质、长制久清等措施，按照上下游协调的原则，改善水环境质量。按照径流污染指标削减要求，结合片区适建性分析进行年径流总量控制率指标分解，进而评估源头海绵设施源头减排效果（图2-24）。

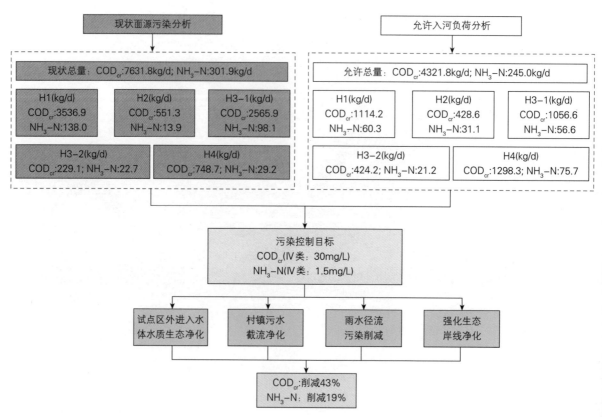

图2-24　联盟河水环境治理总体思路

2．方案比选

1）方案一：源头削减+截污改造

源头削减：实施源头海绵改造，削减径流污染源。

截污改造：对城乡接合部污水进行截污改造。

2）方案二：截污改造+末端治理

截污改造：对城乡接合部污水进行截污改造。

末端治理：建立末端调蓄池，对雨水径流污染进行集中处理。

方案一深入贯彻海绵城市理念，工程总体投资低。方案二采用传统建设模式，调蓄池容积大、选址困难，工程投资大。通过技术经济比较，按照方案一进行海绵改造（表2-11、表2-12）。

河东已建区方案经济性比较（单位：亿元）   表2-11

改造措施 \ 方案	方案一	方案二
源头	8	0
管网改造	0.1	0.9
调蓄池	0.9	10.2
生态水系	6.3	6.3
合计	15.3	17.4

河东已建区方案操作性比较   表2-12

比选因素 \ 方案	方案一	方案二
项目投资	略低	略高
实施难度	低	高
实施时间	中等	长
社会影响	好	一般

3．治理措施

1）控源截污

（1）旱天污水不排河。河东新区联盟河沿线污水排放口或雨污合流沟渠排水口采取分散处理与集中收集处理相结合的方式。对干沟、水体较为洁净的沟渠末端出水口，采取生态型净化措施解决，沟渠主要采取乔灌草搭配的冲沟性生态缓冲区建设，或者采取三级净化区建设（藕塘+水生态塘+跌水湿地或塘）。排污口处超量溢流水体径流进入景观驳岸区域内设置的生态净化塘净化，并最大限度地与远期规划雨水出水口结合。污水排污口进行100%截污，采取截污与溢流排水净化结合的方式，截污系统将污水统一输送至规划污水处理厂处，进行处理，要求规划污水处理厂建设与现状污水截污量匹配的处理设施，处理出水达到国标一级A标准后，方可进入铁路沿线生态净化区深度净化，达到地表水Ⅳ类标准后排入地表水体或涪江。

（2）初期雨水径流污染控制。雨水径流污染控制以源头低影响开发建设为主。

通过适建性分析，确定海绵城市建设恢复自然本底、削减径流污染控制目标的可行性。以2007年为典型年进行分析，年径流总量控制率可达到82.5%，系统整体的SS消减率可达到49.7%。

2）内源治理

（1）清淤方案。联盟河流域底泥的重金属污染风险相对较小，但浅层底泥中TP浓度较高。从控制水体富营养化的角度出发，建议对联盟河流域的底泥进行部分清淤，包括罐子口水系部分和联盟河二期，控制清淤深度50～60cm左右。联盟河二期和罐子口水系全长6.2km范围内进行清淤，清淤深度控制在50～60cm。清淤土方量约为65万m³。

（2）淤泥处理与处置。污泥就地净化处理满足国家卫生标准后可用于景观回填。无法满足国家卫生标准时送至污泥处理厂进行无害化处理。

3）生态修复

（1）联盟河水系生态修复，净化湿地建设。为实现对上游来水进行起端的污染控制与消纳，并与后续河道内水生态系统一起，共同保障城区段水体水质，在规划河东二期污水处理厂以东，联盟河新河道以西的以老河道为主的范围空间内，建设一处强化处理核心湿地。湿地处理总体规模为2万m³/d。来水SS去除率达到80%以上，TP去除率达到80%以上，COD去除率达到50%，主要控制指标达到地表水Ⅳ类标准。硬质化岸线改造。联盟河右岸硬质岸线长度为3.14km，为涪江至罐子口A线段，该段为垂直岸线，采用拉筋墙结构，为不可改造硬质岸线。联盟河左岸涪江至灵泉大道长度为2.48km，进行生态岸线改造。20年一遇洪水位下不新增景观建构筑物，不新种植乔木；建筑设置于50年一遇洪水位之上。在水利控制断面要求的前提下进行断面优化。

（2）东湖水系生态修复。自然处理，雨水初级沉淀净化后排入河道，保护和恢复河流形态的多样性，营造河道的自然、曲折形态。取塘为湖，筑坝为库，营造生物和生境多样性，提高水体自净能力。设置人工湿地，净化水质，提供生物栖息环境。人工强化，利用生态拦截带上水生植物根系去除比重较轻的悬浮物质及藻类，通过强化净化的工程手段，在较短的水力停留时间内达到对来水水体中污染物（NH_3-N、BOD_5）的去除。

4）活水保质

经计算，联盟河生态基流为156L/s。

生态补水方案。近期通过永兴镇污水处理厂及规划河东二期污水处理厂处临时净化设施保持生态基流。河东二期污水处理厂建成后采用再生水补充生态基流。

5）长制久清

建立河东新区河长制工作领导小组，负责统筹协调新区河长制工作，组织制定落实河长制工作重要政策措施，研究解决重点难点问题，督促检查重点工作落实情况。由新区党工委书记、管委会主任担任组长，新区党工委副书记、纪工委书记、管委会副主任担任副组长，机关各部门、各街道办事处、管理办公室负责人为成员。建立新区、街道（管理办公室）、社区（村）三级河长体系。

2.3.9　次新城区内涝整治方案

1．整治措施

1）源头减排

以联福家园小区海绵化改造为例，24h2年一遇设计降雨条件下，改造前系统峰值流量为659.1L/s，改造后为322.5L/s，系统径流峰值削减率为51.1％（图2-25）；24h5年一遇设计降雨条件下，改造前系统峰值流量为1070.5L/s；改造后为755.8L/s，系统径流峰值削减率为29.4％（图2-26）。海绵化改造后5年一遇系统出流流量与海绵化改造前2年一遇设计流量接近。

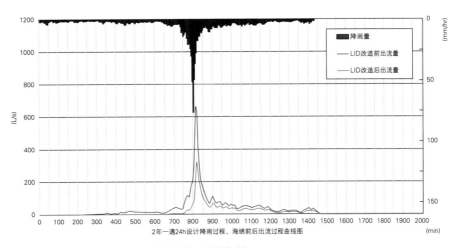

图2-25　联福家园小区2年一遇设计降雨条件下出流量对比

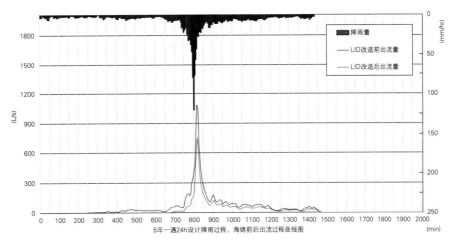

图2-26　联福家园小区5年一遇设计降雨条件下出流量对比

2）径流峰值调蓄

试点区范围内建设75处调蓄水池（包含钢带波纹管、水池、蓄水模块、雨水桶等雨水利用设施），总容积约29700m³。其中河东片区内涝积水区调蓄容积6635m³。30年一遇设计降雨条件下可用于雨水调蓄，消除内涝积水。

3）应急防涝体系

当涪江、联盟河遭遇20年一遇设计洪水时，受洪水顶托影响，排水管渠排水能力降低，芳洲路、慈音路内涝风险增加。为保障防涝安全，应尽快落实《遂宁市排水防涝专项规划》中相关规划方案。

4）蓄排平衡体系构建

海绵城市建设后，河东一期蓄排平衡关系如表2-13所示。可应对30年一遇24h设计降雨252.5mm。

调蓄池建设后蓄排关系一览表   表2-13

名称	涪江左岸	联盟河右岸	合计
降雨总量（万m³）	82.9	56.4	139.3
源头减排量（万m³）	10.5	4.7	15.2
管道排放量（万m³）	72.2	51.3	123.5
调蓄池容积（万m³）	0.2	0.4	0.6
地面积水量（万m³）	0	0	0

2．效果评估

1）径流控制效果

模拟结果表明试点区海绵建设后河东一期年径流总量控制率达到76.3%，圣莲岛年径流总量控制率达到82.9%，河东二期规划管控的年径流总量控制率达到82.1%（表2-14）。

试点区分为7个汇水区。其中，涪江左岸、圣莲岛、联盟河右岸、联盟河左岸、东湖水系5个汇水区位于河东新区和圣莲岛。利用模型结果计算各汇水分区的年径流总量控制率，达到设计要求。

河东新区、圣莲岛海绵建设后年径流总量控制率模拟统计表   表2-14

汇水分区	年径流总量控制率	年径流总量控制率目标
东湖水系	82.1%	82%
涪江左岸	80.4%	80%
联盟河左岸	75.1%	75%
联盟河右岸	73.2%	73%
圣莲岛	75.3%	75%

2）管网能力效果评估

海绵改造后，3年一遇设计降雨条件下压力流管道比例降低至19%，5年一遇设计降雨条件下压力流管道比例降低至22%（图2-27）。

3）内涝整治效果评估

海绵建设后，河东一期内涝风险消除，积水深度小于0.3m的区域面积占总面积的0.82%，积水时间均小于30min，略超0.3m的积水区域均位于待开发地块，且积水时间小于30min，满足30年一遇内涝防治标准（图2-28）。

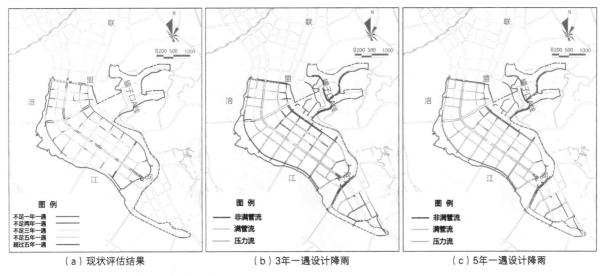

<table>
<tr><td>（a）现状评估结果</td><td>（b）3年一遇设计降雨</td><td>（c）5年一遇设计降雨</td></tr>
</table>

图2-27　不同设计标准设计降雨条件下管网达标情况

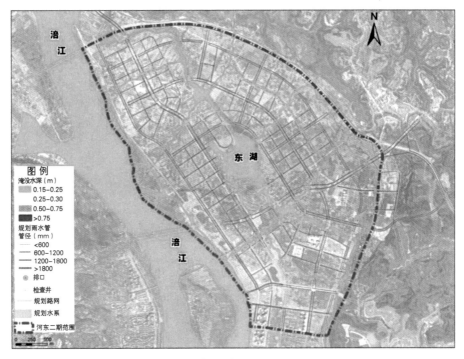

图2-28　河东二期规划建设后内涝风险图（30年一遇）

2.3.10　分片区建设方案

1．圣莲岛汇水分区

圣莲岛汇水分区共有海绵城市试点项目1个，总投资约19580.81万元（图2-29）。

2．涪江左岸汇水分区

1）源头海绵设施布局方案

涪江左岸汇水分区源头海绵设施建设项目共有72个。项目分布如图2-30所示。

2）汇水区内排水设施布局方案

涪江左岸汇水分区内无内涝积水点，北部小部分区域现状无排水管网。规划结合水系、道路、高程等合理建设排水管网系统，确保汇水分区排水安全（图2-31）。

3）水系生态修复及公园湿地布局方案

涪江左岸汇水分区内水系生态修复及公园湿地项目共有5个，分别为五彩南路湿地公园、五彩缤纷路湿地改造、五彩滨河景观北延一段新建、五彩滨河景观北延二段新建、河东新区堤防提升工程。项目分布如图2-32所示。

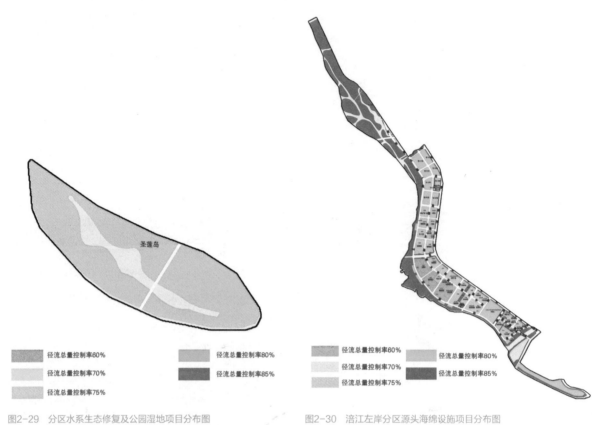

圣莲岛

	径流总量控制率60%		径流总量控制率80%
	径流总量控制率70%		径流总量控制率85%
	径流总量控制率75%		

图2-29 分区水系生态修复及公园湿地项目分布图

	径流总量控制率60%		径流总量控制率80%
	径流总量控制率70%		径流总量控制率85%
	径流总量控制率75%		

图2-30 涪江左岸分区源头海绵设施项目分布图

—— 现状雨水管
······ 新建雨水管

图2-31 涪江左岸分区排水管网设施规划图

五彩滨河景观北延二段

五彩滨河景观北延一段

河东新区堤防提升

五彩缤纷路湿地改造

五彩南路湿地公园

图2-32 涪江左岸分区水系生态修复及公园湿地项目分布图

4）小结

涪江左岸汇水分区内共有海绵城市试点项目77个，总投资约103739.21万元。通过源头海绵设施、排水管网设施、水系生态修复及公园湿地项目建设，涪江右岸汇水分区可实现海绵城市建设目标。

3. 东湖清汤湖汇水分区

1）源头海绵设施布局方案

东湖清汤湖汇水分区内源头海绵设施建设项目共有86个。项目分布如图2-33所示。

2）汇水区内排水设施布局方案

东湖清汤湖汇水分区内无现状排水管道，规划结合水系、道路、高程等合理建设排水管网系统，确保东湖清汤湖汇水分区排水安全（图2-34）。

3）水系生态修复及公园湿地布局方案

东湖清汤湖汇水分区内水系生态修复及公园湿地项目共有2个，分别为东湖湿地公园和青汤湖湿地公园。项目分布如图2-35所示。

4）小结

东湖清汤湖汇水分区内共有海绵城市试点项目88个，总投资约179305.86万元。通过源头海绵设施、排水管网设施、水系生态修复及公园湿地项目建设，涪汀右岸汇水分区可实现海绵城市建设目标。

4. 联盟河右岸汇水分区

1）源头海绵设施布局方案

联盟河右岸汇水分区内源头海绵设施建设项目共有88个。项目分布如图2-36所示。

2）汇水区内排水设施布局方案

联盟河右岸汇水分区内无内涝积水点，北部小部分区域现状无排水管网。规划结合水系、道路、高程等合理建设排水管网系统，确保汇水分区排水安全（图2-37）。

径流总量控制率60%　径流总量控制率80%
径流总量控制率70%　径流总量控制率85%
径流总量控制率75%

图2-33　东湖清汤湖分区源头海绵设施项目分布图

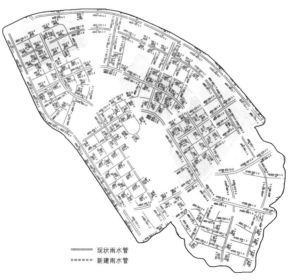

现状雨水管
新建雨水管

图2-34　东湖清汤湖分区排水管网设施分布图

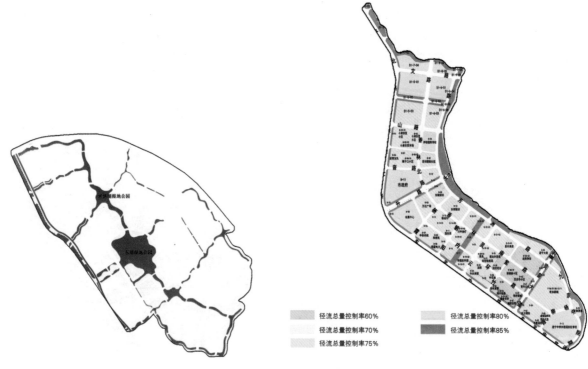

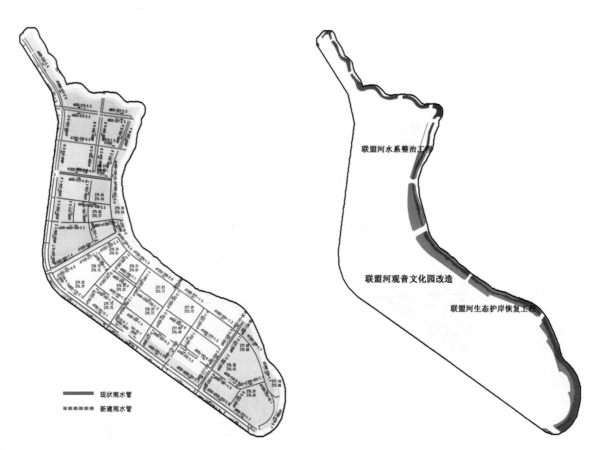

图2-35　东湖清汤湖分区水系生态修复及公园湿地项目分布图　　图2-36　联盟河右岸分区源头海绵设施项目分布图

图2-37　联盟河右岸分区排水管网设施分布图　　图2-38　联盟河右岸分区水系生态修复及公园湿地项目分布图

3）水系生态修复及公园湿地布局方案

联盟河右岸汇水分区内水系生态修复及公园湿地项目共有3个，分别为联盟河观音文化园改造、联盟河景观带（联盟河生态护岸恢复工程）和联盟河生态整治工程。项目分布如图2-38所示。

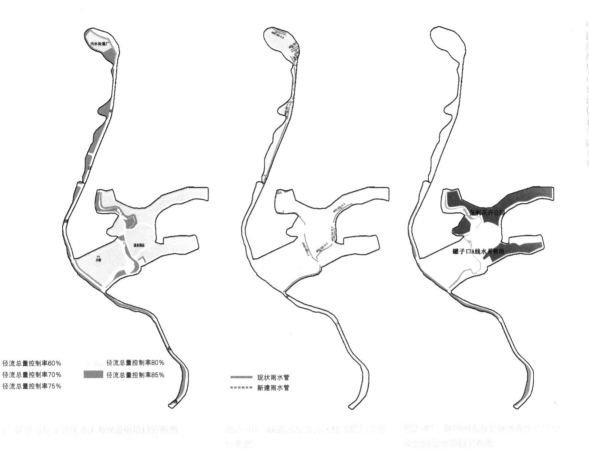

径流总量控制率60%　　径流总量控制率80%
径流总量控制率70%　　径流总量控制率85%
径流总量控制率75%

——现状雨水管
------ 新建雨水管

4）小结

联盟河右岸汇水分区内共有海绵城市试点项目91个，总投资约83993.48万元。通过源头海绵设施、排水管网设施、水系生态修复及公园湿地项目建设，涪江右岸汇水分区可实现海绵城市建设目标。

5．联盟河左岸汇水分区

1）源头海绵设施布局方案

联盟河左岸汇水分区内源头海绵设施建设项目共有5个。项目分布如图2-39所示。

2）汇水区内排水设施布局方案

联盟河左岸汇水分区内无现状排水管道，规划结合水系、道路、高程等合理建设排水管网系统，确保汇水分区内排水安全（图2-40）。

3）水系生态修复及公园湿地布局方案

联盟河左岸汇水分区内水系生态修复及公园湿地项目共有2个，分别为保利花卉公园和罐子口A线生态整治工程。项目分布如图2-41所示。

4）小结

联盟河左岸汇水分区内共有海绵城市试点项目7个，总投资约40569.58万元。通过源头海绵设施、排水管网设施、水系生态修复及公园湿地项目建设，涪江右岸汇水分区可实现海绵城市建设目标。

2.3.11 系统方案小结

　　河东片区建设面积大、设计范围广，是遂宁海绵城市建设的重点区域。片区坚持生态优先、绿色发展，贯彻绿水青山就是金山银山的理念，构建蓝绿交织、清新明亮、水城共融、多组团集约紧凑发展的生态城市布局，落实深化蓝线、绿线管控要求。新开发区域明确生态基础设施建设布局，实现开发强度、竖向及低影响开发设施管控，推进规划建设管控。已建成区实现水环境与水安全的系统治理。河东新区最终实现联盟河主要水质指标不低于地表水Ⅳ类水质标准的目标，消除内涝积水点，有效应对30年一遇设计暴雨，城市综合防洪能力满足50年一遇设计标准。

第 3 章

海绵城市建设
保障机制

体制建设——建立一套"条块结合、分工协作"的组织工作机构

3.1.1 总体构架：市委统筹、政府主导、部门协作、条块结合

海绵城市建设是一项系统工程，涉及规划、国土、财政、水务、环保、发改、气象、园林、市政、给水排水等领域以及辖区各级政府部门，需要各方力量和人、财、物等多种要素的充分保障，方能干好。因此，领导重视特别是主要领导重视，亲自统筹协调和督促落实，是抓好海绵城市建设十分重要的前提条件。为此，遂宁市从试点之初就开始搭建海绵城市建设总体组织框架，建立"条块结合、分工协作"的工作推进体制，落实海绵城市建设从决策、规划、设计、投资、建设、过程监管、竣工验收、运营维护的全生命周期的监管主体、责任主体和实施主体，做到权责分明，各司其职（图3-1）。

（1）市委统筹。解决海绵城市建设总体规划、人财物保障等重大问题。四川省副省长、遂宁市委原书记杨洪波，在海绵城市试点申报时带队赴京答辩，申报成功后马不停蹄地召开专题会议，认真研究三年实施计划，继而到省进京向省政府和国

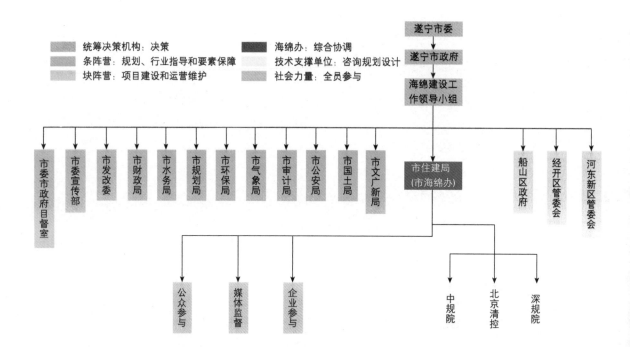

家相关部委汇报，赢得国家部委和省里的大力支持，实施中多次召开海绵城市建设市委专题会议，研究海绵城市建设中的重大问题和遇到的困难（图3-2）。他在离开遂宁市任四川省副省长后，仍然十分关心遂宁的海绵城市建设，他在省政府信息公开办《要情专报》第63期《遂宁市国家海绵城市建设试点取得积极成效但还面临一些困难》上批示："遂宁作为我省唯一的国家海绵城市建设试点市，近年来做了大量创造性的工作、积累了宝贵的经验、取得了显著的成效，为全省全国海绵城市建设树立了典范，获得了各级领导、新闻媒体和社会各界的高度肯定，城市发展站上了新的台阶。希望遂宁市进一步扩大试点范围、提升试点经验、扩大试点影响，推动城市发展早日走上生态化、持续化道路。请省直有关部门加大对遂宁等试点地方的指导和支持力度，努力为美丽四川建设作贡献，努力推动全省海绵城市建设走在全国前列。"

遂宁市委书记邵革军来遂宁市履职不久，就来到镇江寺片区调研"城市双修"及海绵化综合改造项目推进情况，强调老城改造应采用适当的规模、合理的尺度，在可持续发展基础上探求城市的更新发展，着力实现改造区生态环境与城市整体环境相协调，不断提升城市规划建设质量（图3-3）。将镇江寺片区"城市双修"及海绵化综合改造项目做成老城区改造的典范工程，认真总结成功经验，逐步推进其他老旧小区改造提升工程，切实改善市民居住环境，让老百姓有更多归属感和幸福感。

现任德阳市委书记、原遂宁市委书记、市长赵世勇，从海绵城市试点申报、海绵城市建设的全过程，到海绵城市建设试点的终期考核验收，都全程参与、督促指导（图3-4）。先后召开领导小组办公会、政府工作会和市委专题会20余次，全程参与研究三年实施计划、海绵城市专项规划制定、建设资金筹集使用、机构编制设置等重大事项，强调绿色发展、生态发展的方向，提出海绵城市建设要坚持道法自然，确保"让城市在绿水青山中自然生长"的海绵城市建设目标，为遂宁市海绵城市建设提供了重要工作遵循。

（2）政府主导。遂宁市成功申报成为全国首批由中央财政支持的海绵城市建设试点后，随即成立了以市长为组长、相关副市长为副组长的海绵城市建设工作领导小组。市长担任海绵城市建设领导小组组长，定期召开领导小组工作会议，统筹部署，压实责任，协调解决拆迁征地、部门协作、资金筹集等具体困难，确保各项工作高效、有序推进，并多次在政府工作会议上"讲海绵"，在接待外来客人时"谈海绵"，在项目现场"促海绵"，并将海绵城市建设成效纳入政府工作报告及年度目标考核范畴，要求举全市之力共建海绵城市，尽快形成可复制可借鉴的经验模式，在全省乃至全国范围推广，早日实现"试点"变"示范"驱动面上改革的目标（图3-5）。

遂宁市政协主席刘德福和分管城建的副市长罗孝廉作为海绵城市建设领导小组副组长，坚持定期召开推进会，巩固成绩，梳理问题，督促进度，明确要求。经常深入基层，督查进度和工程质量，协调解决工程建设过程中遇到的具体困难和问题（图3-6）。针对工作推进不力的部门或工程建设质量不高的项目团队，及时约谈，限期整改。

（3）部门协作。遂宁市海绵城市建设过程中，十分注重部门协作。住建、财政、水务、规划、发改、国土、造价、审计等政府部门按照职能分工通力配合，形

图3-2 四川省副省长（原遂宁市委书记）杨洪波视察河东新区联盟河水系治理情况

图3-3 遂宁市委书记邵革军视察镇江寺片区海绵城市改造情况

图3-4 现任德阳市委书记、原遂宁市委书记、市长赵世勇视察芳洲路海绵化改造创新技术应用情况

图3-5 原遂宁市长、市海绵城市建设领导小组组长杨自力视察海绵城市建设试点工作

图3-6 遂宁市政协主席刘德福、副市长罗孝廉视察海绵城市建设试点工作

成合力。遂宁市在实施海绵城市建设计划过程中发现，若集中一个部门组织实施，难以协调相关部门和各区域的关系；各区域分别实施，又难以做到系统连片、统筹推进。比如，明月河汇水分区建筑密度大、现状条件差，单独实现海绵城市建设指标比较难。涪江右岸汇水分区有大量的湿地，海绵城市建设指标实现空间较大，但两个汇水分区分别处于国开区和船山区两个不同的行政区，如果不统筹协调，就无法实现两个区域的资源互补，无法形成连片效应。基于这些问题，遂宁市将海绵城市建设工作任务按属地管理原则分解落实到各相关区县、园区，将项目建设指导和督促配合工作按职责分工落实到市级相关部门，形成属地负责、"条块结合"、以

"块"为主、职责明确的工作推进体制。"条"方面，可以发挥各行业主管部门的专业优势，在统筹规划、管控制度、技术支撑、资金统筹、PPP规范实施等方面指导海绵城市建设；"块"方面，可充分发挥综合协调优势，集中辖区人、财、物等资源，实施海绵城市建设计划。

（4）辖区负责。遂宁市住建局、船山区政府、开发区管委会、河东新区管委会按照辖区负责制原则，分别实施辖区海绵城市建设项目。

（5）企业参与。开发建设业主自觉按照管控要求，落实海绵城市建设工程措施，积极承担社会责任。

（6）群众支持。遂宁市在海绵城市建设过程中，十分注重对市民进行科普宣传，不断提升他们对海绵城市建设的认知。久而久之，不仅在全市形成了推进海绵城市建设的良好舆论氛围，广大市民还由"听海绵、看海绵、谈海绵"，逐步过渡到"接受海绵、支持海绵、参与海绵"，使海绵城市建设成效更加凸显和可持续。

（7）专家指导。遂宁市十分重视强化海绵城市建设引智育智工作，试点之初就聘请中国城市规划设计研究院作为海绵城市建设的技术支撑单位，派专业团队入驻遂宁，同时还与深圳市规划设计研究院、兰州交通大学开展政企、政校合作，为海绵城市建设的顺利推进提供技术保障，在全面提升项目建设成效的同时，还能避免走弯路。

3.1.2 领导小组：统揽决策试点工作

遂宁市海绵城市建设工作领导小组的职能职责，主要包括研究海绵城市建设过程中的征地拆迁、关键项目方案审定等重大问题，统筹协调各方面力量资源，共同推进海绵城市建设（图3-7）。

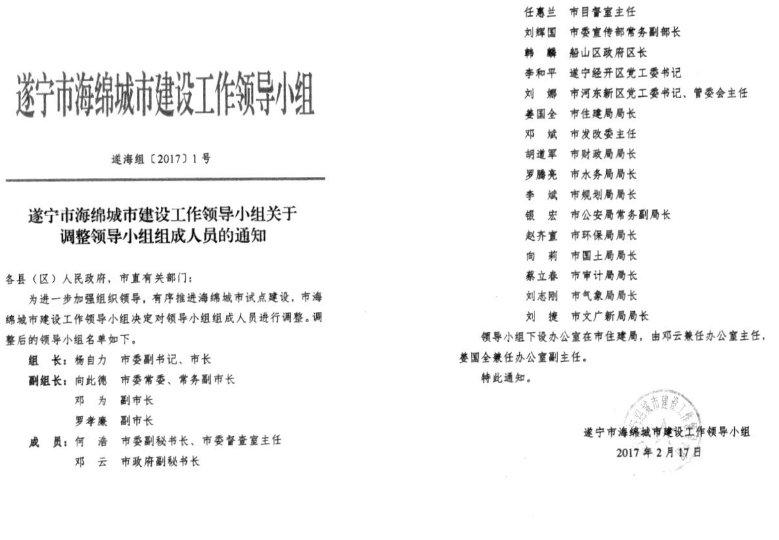

图3-7 遂宁市海绵城市建设工作领导小组成立文件

3.1.3 海绵办：协调主推试点工作

为方便统筹协调海绵城市建设日常工作，遂宁市海绵城市建设工作领导小组下设办公室于市住建局，由市政府联系建设口工作的副秘书长任办公室主任，市住建局局长任办公室副主任。

遂宁市住建局（市海绵办）负责统筹协调各方关系，督促检查工程进度质量，将海绵城市建设的相关要求落实到施工图审查、工程监管、竣工验收、项目运营维护管理等环节。

3.1.4 相关部门：协同配合试点工作

1．"条"阵营：制定规划、行业指导、提供保障

（1）遂宁市财政局。负责制定海绵城市建设资金管理办法及奖励政策，积极探索和创新海绵城市建设投融资机制，各级财政要求建立完善长效投入机制。

（2）遂宁市水务局。负责城市水利工程的审批和推进工作，协调城区河湖沟渠等涉水项目设施等建设相关工作，落实河长制。

（3）遂宁市规划局。负责海绵城市建设总体规划、详细规划、相关专项规划编制和审查工作，制定海绵城市规划设计导则和设计图则，将海绵城市建设的原则、目标和技术要求落实到建设项目规划条件、方案审查、监督管理等环节中。

（4）遂宁市国土局。负责海绵城市建设项目土地供给等相关工作，并按照规划部门出具的规划条件，将海绵城市建设相关要求纳入《划拨决定书》或《土地出让合同》。

（5）遂宁市发改委。负责将海绵城市建设中的市本级政府性投资项目纳入年度投资计划和招投标管理，指导项目单位做好各项前期论证工作。

（6）遂宁市城管局。负责海绵城市建设项目的实施监管工作。

2．"块"阵营：项目实施

遂宁市各区人民政府、市直园区管委会、市住建局。按照属地管理原则，负责海绵城市建设项目的设计审查、项目推进和具体实施以及海绵设施的运营维护工作。

机制建设——建立一套"决策、督查、保障一体化"的推进机制

3.2.1 决策协调机制：五类会议层层化解疑难杂症

遂宁市制定了海绵城市建设工作会议制度，具体分为市委专题会、领导小组会议、现场办公会议、工作例会、研讨会五大类会议，明确了会议主持单位、参会人员、召开周期、主要内容、会议程序等关键要素（表3-1）。市委专题会由市委书记组织召开，试点期间共计召开了4次，主要研究解决海绵城市建设涉及海绵城市规划、人员编制、资金、土地等重大问题；领导小组会议由市长组织召开，原则上每月召开一次，试点期间共计召开了38次，主要研究工作推进年度计划，安排部署阶段性工作，解决诸如拆迁征地、部门协作、方案审查等问题；现场办公会议人员由政协主席和分管城建副市长组织召开，试点期间共计召开了40次，主要是督促工程进度和协调解决部门配合等问题；工作例会由市海绵办组织召开，原则上每周召开一次，试点期间共计召开了100余次，主要听取工作进展情况和工作中存在的困难和问题，研究解决涉及技术、施工组织、矛盾纠纷协调等问题，无法协调的重大问题逐级提交至领导小组会或市委专题会。研讨会由市海绵办具体策划，协调相关科研单位共同举办，结合遂宁绿色经济会议，分别于2016年和2018年召开了2次海绵城市建设论坛会议，总结交流海绵城市建设的经验做法和体会。

遂宁"自然生长"建设会议制度体系 表3-1

序号	名称	主持人	参会人员	周期	召开次数
1	市委专题会	市委书记	市委书记、市政协主席、市海绵城市建设工作领导小组全体成员	按需	4
2	领导小组会议	市长	市海绵城市建设工作领导小组全体成员	会议原则上每月召开一次，遇有重大事项可随时召开	38
3	现场办公会议	政协主席、分管城建副市长	会议人员由领导小组办公室根据议题确定	根据实际需要不定期召开	40
4	工作例会	领导小组办公室主任或副主任	领导小组办公室全体工作人员和市财政局、市水务局、市规划局、市气象局、市环保局、船山区、开发区、河东新区海绵城市建设工作负责同志	会议从2015年10月23日起，每周五上午9:00在建设大楼15楼会议室召开；若遇法定节假日或其他特殊情况，不能如期召开例会的另行通知	100余次
5	研讨会	领导小组办公室主任或副主任	相关领导、专家学者、企业和各部门	研讨会根据需要不定期召开	2

3.2.2 督查考核机制：三大监管部门强力促进各项工作落地生根

遂宁市为加强海绵城市建设试点工作的目标考核和督查督办，制定印发了《遂宁市海绵城市建设工作考核办法》（遂目督发〔2015〕46号），将海绵城市建设试点工作纳入各参建单位的年度绩效目标考核体系，严格考核奖惩，实行倒扣分制度，对照年度工作内容量化打分，未完成一项扣目标分0.5分。对影响遂宁海绵城市建设试点工作推进的单位，实行年度考核一票否决，并严肃追究责任，确保遂宁海绵城市建设试点工作各项目标如期实现。遂宁市委市政府目标绩效督查室（以下简称目督室）、市住建局（市海绵办）根据实施计划，将海绵城市建设试点工作任务细化并层层分解落实到每个责任主体，明确奖惩。目督室将海绵城市建设纳入督查范围，定期进行现场督查，对进展快的单位或项目团队给予通报表扬，对进展缓慢、施工扰民、工程质量不达标的单位或项目团队进行约谈并通报。

2015年8月，目督室对市海绵办就督办力度不够的问题进行了约谈，市海绵办立即建立了周例会制度，加大了督办的力度和频率。2016年10月，对国开区施工扰民的问题进行了约谈，提出了错时、错峰施工，加快施工的工作要求。2017年3月，对河东新区进度缓慢的问题进行了约谈，河东新区党工委书记立即召开党委专题会查找原因，拟定了倒排工期表，将工作任务分解到每个党委成员，每天过问，每周督查，确保快速推进各项工作。2017年5月，对国开区工程质量问题进行了约谈，国开区立即提出了整改方案，并限时督促施工单位进行了整改。2017年8月，对船山区席吴二洲湿地改造进展缓慢的问题进行了约谈，船山区委高度重视，由区人大主任挂帅督导工作进度，加快了项目的推进步伐。据统计，海绵城市建设试点期间，目督室共计发出督查通报40余份，扣减目标分4分，有效促进了海绵城市建设效率的大幅提高。

3.2.3 建设保障机制：四项保障措施合力保驾护航

1．机构保障

机构保障重在理顺涉水体制，对厂、网、河进行统筹施治。在海绵城市建设试点之前，厂、河由市水务部门管理，管网由住房和城乡建设部门管理，治理工作各行其是，互不关联，造成厂网不协调、河道污染责任不清。海绵城市建设试点启动之后，在市海绵城市建设工作领导小组的统一领导下，首先理顺了涉水体制，将城市给水排水、污水处理、排水防涝等职能整合到市住建局，市委编办批复设立了供排水管理科和海绵办，市海绵办配备了2名专职人员，同时聘请了中国城市规划设计研究院资深专家常驻遂宁，统筹推进海绵城市建设工作。然后将城区5条河流的河长制办公室设在市住建局，从而实现厂、网、河的统筹治理。2016年市属各部门涉水职能统一移交后，市住建局从规划源头开始积极展开系统工作，组织编制了雨污分流、排水防涝、污水处理、城市供水、城市节水等涉水专项规划，制定了城区5河河长制一河一策方案，彻底改变了涉水体制过去"散、乱、空"的局面，真正形成了水环境水资源"规划一张图，建设一盘棋，管理一张网"的保护治理和利用格局。

2．资金保障

遂宁市海绵城市建设的资金来源有4个方面：一是政府性投资，主要包括中央财政奖补资金12亿元、地方财政预算资金3.654亿元；二是银行贷款26亿元；三是通过PPP模式项目吸引社会资本投入69.04亿元（表3-2）；四是督导建设业主投入资金7.5亿元。

海绵城市PPP项目财政承受能力测算表（万元）　　　　　　　　　　　　　　　　　　表3-2

年份	经开区产业新城PPP项目（海绵试点部分）	河东新区海绵城市一期改造及联盟河水系治理PPP项目	河东新区海绵城市五彩缤纷北路景观带PPP项目	河东新区海绵城市仁里古镇PPP项目	河东新区海绵城市东湖引水入城河湖连通及市政道路PPP项目
2016年	100.00	920.00	—	—	—
2017年	5854.92	—	—	2002.80	—
2018年	44256.79	—	2000.00	—	529.19
2019年	61826.25	7924.31	500.00	4583.27	529.18
2020年	46456.85	2748.15	6654.59	7752.64	16653.71
2021年	46563.28	7227.29	7454.59	7752.64	19526.62
2022年	46897.87	14727.29	9267.87	7752.64	18715.91
2023年	48232.20	12052.82	14654.59	14624.35	17905.20
2024年	48314.76	16727.29	18102.09	20043.52	17094.00
2025年	42625.08	22577.45	18102.09	20043.52	16283.78
2026年	—	22577.45	18102.09	20043.52	15473.00
2027年	—	22577.45	18102.09	20043.52	14662.35
2028年	—	15903.14	—	—	—
2029年	—	6529.22	—	—	—
合计	391128.00	152491.87	112939.96	124642.42	137372.94

3．技术保障

在既无成功的经验模式可资借鉴，又无成熟技术可利用的状况下，技术保障无疑是决定海绵城市建设成效的关键因素之一，从某种意义上讲，有无可靠的技术支撑甚至直接决定着海绵城市建设的成败。为此，遂宁市采取邀请国内海绵城市建设相关领域的知名专家组成智囊团的方式，为海绵城市建设出谋划策，提供强有力的技术支撑。择优聘请中国城市规划设计研究院、北京清控人居环境研究院、深圳市规划设计研究院等海绵城市建设技术支撑单位，开展海绵城市建设的理论和技术研究，结合总体目标任务和每个试点项目实际情况，合理充分运用各项技术，指导编制《遂宁市海绵城市规划设计导则》等地方技术标准，确保海绵城市建设项目按技术规范要求落地。同时，利用这些专家资源积极培育地方人才，支撑海绵城市试点建设和可持续发展需要（图3-8）。

图3-8　遂宁市海绵城市建设技术指导、培训现场

4．宣传保障

国家海绵城市建设行动纲领性文件——《国务院办公厅关于推进海绵城市建设的指导意见》（国办发〔2015〕75号）明确要求："住房城乡建设部要会同有关部门督促指导各地做好海绵城市建设工作，继续抓好海绵城市建设试点，尽快形成一批可推广、可复制的示范项目，经验成熟后及时总结宣传、有效推开"，宣传保障对于海绵城市建设尤其是试点阶段的重要性可见一斑。为此，遂宁市采取由市委宣传部牵头方式，利用报纸、网络等多种传播载体，通过科普活动、社区宣传、教育培训等手段，广泛宣传遂宁市海绵城市建设成效（图3-9）。以此加深市民对海绵城市建设的认识、理解和支持，激发公众的参与意识，动员全民参与，营造全社会积极推进海绵城市建设的良好社会氛围。

图3-9　部分国家级权威媒体对遂宁海绵城市建设成效的报道

制度建设——建立一套"立法为核心，规范文件和地方标准为支撑"的制度体系

3.3.1 地方立法保障：海绵城市建设和管理要求写入《遂宁市城市管理条例》

"各级政府一定要严格依法行政，切实履行职责，该管的事一定要管好、管到位，该放的权一定要放足、放到位，坚决克服政府职能错位、越位、缺位现象。"这是习近平总书记2014年5月26日在中共中央政治局第十五次集体学习时强调的要求。要贯彻落实"严格依法行政"的前提，必须是有法可依。为此，2017年11月27日，遂宁市第七届人民代表大会常务委员会第十四次会议表决通过了《遂宁市城市管理条例》。2018年3月29日，四川省第十三届人民代表大会常务委员会第二次会议予以批准，该条例自2018年7月1日起施行（图3-10、图3-11）。

《遂宁市城市管理条例》第九条明确要求："市、县（区）人民政府和市人民政府派出机构应当按照海绵城市专项规划和海绵城市建设规范的要求，统筹推进新老旧城区海绵城市建设和管理，加强公园绿地建设，修复城市水生态、涵养水资源，保护和改善城市生态环境。"

3.3.2 出台规范性文件：全方位制定五大类管理制度

有了法律保障，还必须依靠规范制度的指导和约束才能落地。试点期间，遂宁

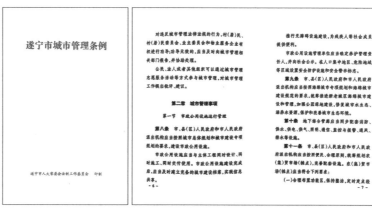

图3-10 遂宁市人大常委会关于《遂宁市城市管理条例》的公告

图3-11 《遂宁市城市管理条例》关于海绵城市规定的描述

市发布的海绵城市建设规范性文件，主要包括组织机制保障类、投融资政策及资金使用管理类、规划建设管控类、绩效考核类、配套办法措施类5种类型，共计32个（表3-3）。

遂宁市海绵城市建设政策制度文件

表3-3

序号	文件类型	文件名称	主要作用	发文日期
1		《中共遂宁市委机构编制委员会关于调整市住房和城乡建设局及下属事业单位有关机构编制事项的批复》（遂编发〔2015〕62号）	明确海绵城市建设职能机构，落实人员编制	2015-09-02
2		《中共遂宁市委遂宁市人民政府关于开展海绵城市建设工作的决定》（遂委发〔2015〕11号）	作为全市开展海绵城市建设的纲领性文件，明确了指导思想、总体目标、主要任务、保障措施	2015-09-07
3		《遂宁市海绵城市建设工作会议制度》（遂海组〔2015〕3号）	建立海绵城市建设工作会议制度，定期研究海绵城市相关工作，确保项目顺利推进	2015-10-29
4		《中共遂宁市委机构编制委员会关于调整市住建局有关机构编制事项的批复》（遂编发〔2016〕62号）	明确供排水职能机构，落实人员编制	2016-07-09
5	组织机制保障类	《遂宁市人民政府办公室关于印发遂宁市调整市级涉水管理体制的实施方案的通知》（遂府办函〔2016〕126号）	理顺涉水管理体制	2016-07-18
6		《遂宁市海绵城市建设工作领导小组关于调整领导小组组成人员的通知》（遂海组〔2017〕1号）	适时调整领导小组成员，强化组织领导	2017-02-17
7		《中共遂宁市委 遂宁市人民政府关于持续推进海绵城市建设工作的实施意见》（遂委发〔2019〕3号）明确了指导思想、基本原则	全域持续推进工作目标和工作措施	2019-02-01
8		《中共遂宁市委办公室 遂宁市人民政府办公室关于印发〈遂宁市推进海绵城市建设"八个一"措施〉的通知》（遂委办函〔2019〕8号）	明确了持续推进海绵城市建设的八项具体措施	2019-02-01
9		《遂宁市推进政府和社会资本合作（PPP）的实施意见》（遂府函〔2015〕106号）	明确了PPP项目的遵循原则、合作范围、合作模式、职能机构、工作流程、工作措施	2015-05-11
10	投融资政策及资金使用管理类	遂宁市财政局关于创新投融资机制引导社会资本参与海绵城市项目的通知（遂财发〔2015〕10号）	进一步细化PPP模式在海绵城市建设中的保障措施，加强政府引导、金融服务、政策保障	2015-07-22
11		《遂宁市海绵城市建设资金使用管理暂行办法》（遂财投〔2015〕63号）	明确资金来源、筹集方式、鼓励政策，建立监督检查机制	2015-12-02
12		《遂宁市投资促进委员会关于促进海绵城市建设产业发展政策措施》（遂投促〔2016〕31号）	出台促进海绵城市建设产业发展8项措施	2016-12-29
13		遂宁市住房和城乡建设局遂宁市城乡规划管理局关于开展海绵城市规划建设管控工作的通知（遂建发〔2015〕191号）	明确了海绵城市建设全域管控目标、管控对象、管控措施	2015-10-15
14	规划建设管控	遂宁市人民政府办公室关于印发遂宁市海绵城市规划建设管理暂行办法的通知（遂府办函〔2016〕56号）	明确海绵城市建设的总体原则、责任主体及职能职责，规定了立项、建设、验收、运营等全生命周期各环节工作要求	2016-04-14
15		遂宁市住房和城乡建设局关于进一步加强海绵城市建设的通知（遂建发〔2017〕224号）	督促各区县落实专职机构，加快规划编制、增量管控、存量改造等要求	2017-11-20
16		《遂宁市海绵城市建设工作考核办法》（遂目督发〔2015〕46号）	明确考核对象、考核程序，从体制机制建设、技术体系建设、管控体系建设、绩效评价与考核等考核内容	2015-09-18
17	绩效考核类	《遂宁市海绵城市建设项目奖励补助办法》（遂财预〔2015〕86号）	规定了奖励补助资金奖励办法	2015-11-27
18		《遂宁市财政局关于开展海绵城市建设试点项目财政绩效评价工作的通知》（遂财预〔2015〕87号）	规定了绩效评价对象、指标体系以及组织实施要求	2015-12-07
19		《遂宁市海绵城市建设试点区绩效评价与考核办法（试行）》（遂建发〔2017〕18号）	规定了绩效评价考核组织、制度、指标等内容	2017-02-04
20		《遂宁市城区排水防涝应急预案》（遂府办发〔2015〕15号）	按《遂宁市海绵城市建设实施方案》进一步修订完善	2015-12-22
21	配套办法措施类	《遂宁市人民政府办公室关于印发遂宁市城市蓝线管理办法的通知》（遂府办函〔2016〕6号）	划定了遂宁市城市规划区范围内蓝线，提出监督管理要求	2016-01-13
22		《遂宁市人民政府办公室关于印发遂宁市城市绿线管理办法的通知》（遂府办函〔2016〕7号）	划定了遂宁市城市规划区范围内绿线，提出监督管理要求	2016-01-13

序号	文件类型	文件名称	主要作用	发文日期
23		《遂宁市人民政府关于加快推进全国水生态文明城市建设试点工作的实施意见》（遂府〔2016〕100号）	提出了水生态文明城市建设的工作要求	2016-04-18
24		《遂宁市住房和城乡建设局关于进一步规范建筑工地排水管理工作的通知》（遂建函〔2016〕125号）	进一步强化对建筑工地进行排水许可管理的要求	2016-05-27
25		《遂宁市人民政府关于印发水污染防治行动计划遂宁市工作方案的通知》（遂府函〔2016〕169号）	提出了水污染防治的工作目标和工作要求	2016-06-23
26		《遂宁市住房和城乡建设局关于进一步加强城市排水管理工作的通知》（遂建函〔2016〕386号）	进一步细化城市排水管理措施	2016-12-20
27		《遂宁市防汛应急预案》（遂防指〔2017〕2号）	按《遂宁市海绵城市建设实施方案》进一步修订完善	2017-03-24
28	配套办法措施类	《遂宁市财政局遂宁市住房和城乡建设局关于做好海绵城市建设运营维护费用保障的通知》（遂财投〔2017〕63号）	明确了运营维护费用保障责任	2017-10-20
29		《遂宁市发展和改革委员会关于再生水价格的指导意见》（遂发改〔2011〕648号）	对再生水价格供应和使用提出了指导性意见	2011-11-16
30		《遂宁市发展和改革委员会关于制定雨水利用价格指导意见的通知》（遂发改〔2017〕101号）	对雨水利用价格提出了指导性意见	2017-04-05
31		《遂宁市发展和改革委员会关于执行第二步调整市城区城市供水价格的通知》（遂发改〔2017〕196号）	明确了市城区供水价格类别、范围、阶梯水价及部分用户优惠政策	2017-06-19
32		《关于调整市城区污水处理费标准及有关问题的通知》遂发改〔2018〕32号	明确了市城区污水处理收费标准及部分用户优惠政策	2018-01-22

1．组织机制保障类文件8个

（1）遂宁市出台了《中共遂宁市委遂宁市人民政府关于开展海绵城市建设工作的决定》（遂委发〔2015〕11号）、《中共遂宁市委遂宁市人民政府关于持续推进海绵城市建设工作的实施意见》（遂委发〔2019〕3号）、《中共遂宁市委办公室遂宁市人民政府办公室关于印发<遂宁市推进海绵城市建设"八个一"措施>的通知》（遂委办函〔2019〕8号）作为全市开展海绵城市建设的纲领性文件，明确了海绵城市建设指导思想、总体目标、主要任务以及保障措施。

（2）为确保换届事不变，保证海绵城市建设工作的持续性。在2015年成立海绵城市建设工作领导小组的基础上，2017年2月17日出台《遂宁市海绵城市建设工作领导小组关于调整领导小组组成人员的通知》（遂海组〔2017〕1号），进一步对市海绵城市建设领导小组人员进行了调整，市委副书记、市长杨自力担任组长，继续有序推进海绵城市建设。2019年遂宁市市级议事机构调整，新任市委副书记、市长邓正树担任组长，持续推进海绵城市建设向纵深实施。

（3）为理顺职能，充实海绵城市建设工作机构力量，遂宁市先后出台了《遂宁市人民政府办公室关于印发遂宁市调整市级涉水管理体制的实施方案的通知》（遂府办函〔2016〕62号）、《中共遂宁市委机构编制委员会关于调整市住建局有关机构编制事项的批复》（遂编发〔2016〕62号）、《中共遂宁市委机构编制委员会关于调整市住房和城乡建设局及下属事业单位有关机构编制事项的批复》（遂编发〔2015〕62号）3个机构编制文件，理顺了涉水管理体制，将市水务局负责的供水行业、污水处理行业、城市节水、中水回用、供水及污水处理企业资质管理等职责划转市住建局；明确了供排水职能机构，落实人员编制2名；明确了海绵城市建设职能机构，落实人员编制，在城市建设科增挂"市海绵城市建设办公室"的牌子，专门负责海绵城市建设试点工作。并在市本级调剂解决事业编制4名，分别承担市管网工作和海绵城市建设试点工作。

（4）为有序推进海绵城市建设，遂宁市出台了《遂宁市海绵城市建设工作会议制度》（遂海组〔2015〕3号），确定了海绵城市建设工作领导小组会议、工作协调会议、工作例会、研讨会召开的层次、时间、内容等，定期研究海绵城市建设相关工作。

2．投融资政策及资金使用管理类文件4个

（1）遂宁市人民政府印发《遂宁市推进政府和社会资本合作（PPP）的实施意见》（遂府函〔2015〕106号），明确了PPP项目合作原则、合作范围、进入条件和合作模式、管理和实施机构、工作流程、工作措施等，进一步推动政府和社会资本合作，激发社会资本的活力和潜力，加速推动海绵城市建设工作。

（2）遂宁市财政局印发《遂宁市财政局关于创新投融资机制引导社会资本参与海绵城市项目的通知》（遂财发〔2015〕10号），进一步细化了PPP模式在海绵城市建设中的保障措施，加强政府资金的引导作用、金融服务、政策保障，吸引社会资本参与海绵城市建设项目。

（3）遂宁市财政局、遂宁市住房和城乡建设局、遂宁市水务局印发《遂宁市海绵城市建设资金使用管理暂行办法》（遂财投〔2015〕63号），从投资分担、资金筹集、鼓励政策、资金管理、监督检查等多个方面对海绵城市建设资金制定管理办法。

（4）遂宁市投资促进委员会印发《遂宁市投资促进委员会关于促进海绵城市建设产业发展政策措施》（遂投促〔2016〕31号），出台了促进海绵城市建设强化产业规划设计、打造特色产业集群、支持重点项目建设等8项措施。

3．规划建设管控类文件3个

遂宁市住房和城乡建设局、遂宁市城乡规划管理局印发《遂宁市住房和城乡建设局遂宁市城乡规划管理局关于开展海绵城市规划建设管控工作的通知》（遂建发〔2015〕191号），明确了海绵城市建设全域管控目标、对象、措施。

1）管控对象

2015年10月1日以后报审的新（改、扩）建项目，要严格按照海绵城市建设的要求实施；2015年9月30日前已审批且未开工的新（改、扩）建项目，须按照海绵城市建设的要求，补充专项设计施工图并按程序报审实施；在建但尚未完成附属工程的项目，应依法通过设计变更，增加海绵建设工程措施。例如经济技术开发区西藏凯达紫金山庄项目，于2012年取得土地使用权，2012年办理了用地规划和工程规划许可证，2013年办理了施工许可证。2015年，遂宁市出台了海绵城市建设管控制度，紫金山庄项目尚未进行附属施工，开发区要求项目按照海绵城市建设要求进行方案调整。项目积极响应，于2017年完成了海绵城市专项设计，2018年通过海绵城市建设专项审查，并按照审查的方案落实海绵城市建设要求。

2）具体措施

未经海绵城市建设（改造）审查或审查不合格的工程项目，住房和城乡建设部门将不进行施工图审查备案，不发放施工许可证。同时，每个工程项目的海绵城市建设（改造）内容须进行专项验收，未经过专项验收或专项验收不合格的项目，规划部门不进行规划条件核实，住房和城乡建设部门不进行竣工验收备案。

遂宁市人民政府办公室印发《遂宁市人民政府办公室关于印发遂宁市海绵城市规划建设管理暂行办法的通知》（遂府办函〔2016〕56号），办法从立项、项目管理、建设、验收管理、运营管理等方面对海绵城市项目建设做出具体规定。

（1）明确建设区域。遂宁市中心城区（一城、两区、五组团）内的所有规划设计和建设项目适用本办法，射洪县、蓬溪县、大英县参照执行。

（2）明确责任分工。遂宁市发改委负责将海绵城市建设中的市本级政府性投资项目纳入年度投资计划和招投标管理；市规划局负责海绵城市建设总体规划、详细规划和相关专项规划编制和审查等工作；市住建局负责将海绵城市建设的相关要求落实到施工图审查、工程监管、竣工验收、项目运营维护管理等环节；市城管局负责海绵城市建设项目的实施监管工作；市水务局负责城市水利工程的审批和推进等工作；市财政局负责制定海绵城市建设资金管理办法及奖励政策等；市国土局负责海绵城市建设项目土地供给等相关工作。

遂宁市住房和城乡建设局印发《遂宁市住房和城乡建设局关于进一步加强海绵城市建设的通知》（遂建发〔2017〕224号），主要督促各区县落实专职机构，加快规划编制、增量管控、存量改造等要求。要求2017年12月31日前，各县（区）住房和城乡建设局要落实海绵城市建设管理机构，明确职责和人员。2018年6月30日前，射洪县、大英县要完成海绵城市建设专项规划的编制，蓬溪县、船山区、安居区要结合海绵城市建设专项规划完成控制性详细规划、排水防涝、风景园林、道路交通等相关规划修编等工作。

4．绩效考核类文件4个

遂宁市目督室印发《遂宁市海绵城市建设工作考核办法》（遂目督发〔2015〕46号），办法主要考核2015—2017年海绵城市建设试点工作推进情况，并提出了考核程序及要求。此项考核纳入全市年度目标绩效考核体系，实行倒扣分制（最多不超过2分）。对照海绵城市建设试点工作年度内容进行量化打分，未完成一项扣目标分0.5分，未完成两项扣1分，未完成三项扣1.5分，未完成四项及以上扣2分。

遂宁市财政局印发《遂宁市海绵城市建设项目奖励补助办法》（遂财预〔2015〕86号），明确了奖励补助对象为区政府、市级园区管委会，采取"先建后补""以奖代补"的方式对完成投资额和项目规划面积建设、年度考核优秀的对象给予支持和奖励，并要求各区、市级园区所获得奖补资金必须专项用于海绵城市建设。

遂宁市财政局印发《遂宁市财政局关于开展海绵城市建设试点项目财政绩效评价工作的通知》（遂财预〔2015〕87号），规定了绩效评价对象、指标体系以及组织实施等要求。

遂宁市住房和城乡建设局、市财政局、市水务局印发《遂宁市海绵城市建设试点区绩效评价与考核办法（试行）》（遂建发〔2017〕18号），规定了绩效评价考核组织、制度、指标等内容。

5．配套办法措施类文件13个

遂宁市人民政府办公室、市住建局、市防汛指挥部办公室、市发改委先后出台了《遂宁市城区排水防涝应急预案》（遂府办发〔2015〕15号）、《遂宁市人民政府办公室关于印发遂宁市城市蓝线管理办法的通知》（遂府办函〔2016〕6号）、《遂宁市人民政府办公室关于印发遂宁市城市绿线管理办法的通知》（遂府办函〔2016〕7号）、《遂宁市人民政府关于加快推进全国水生态文明城市建设试点工作的实施意见》（遂府函〔2016〕100号）、《遂宁市住房和城乡建设局关于进一步规范建筑工地排水管理工作的通知》（遂建函〔2016〕125号）、《遂宁市人民政府关于印发水污染防治行动计划遂宁市工作方案的通知》（遂府函〔2016〕169号），以及雨水、中水、再生水利用收费等配套文件。从水资源保护、利用到水污染防治等方面进行了明确规定：一是划定了遂宁市城市规划区范围内蓝线、绿线，提出监督管理要求；二是提出了水生态文明城市建设的工作要求，海绵城市建设项目为节水型城市建设示范工程；三是进一步细化城市排水管理措施，强化了排水许可管理的要求，提出了水污染防治的工作目标和要求。

3.3.3 编制地方标准：动态编制具有遂宁特色的标准体系

1．形成全生命周期标准体系

经过3年试点建设，遂宁市累积了丰厚的海绵城市项目建设实施经验。基于此，对海绵城市建设试点初期发布的规范、图则试行版本进行修订。主要包括《遂宁市海绵城市建设设计导则（修订）》《遂宁市海绵城市建设标准图集》《遂宁市海绵城市建设项目施工及验收技术导则》《遂宁市海绵城市建设设施运行维护导则（试行）》等（表3-4）。

遂宁市"海绵城市"技术规范 表3-4

名称	发布时间	功能	说明
《遂宁市海绵城市规划设计导则（试行）》	2015年12月	指导规划	指导全市控制性详细规划，绿地系统、水系统等专项规划海绵相关章节编制； 含规划及设计两个部分，设计部分由遂宁市海绵城市建设设计导则（修订）替代，规划部分仍沿用
《遂宁市海绵城市设计图则（试行）》	2015年12月	—	由《遂宁市海绵城市建设标准图集》替代
《遂宁市海绵城市植物名录（试行）》	2015年12月	指导植物选取	指导全市海绵工程设计及施工中的植物选取，重点介绍本地植物特点及工程适用性
《遂宁市海绵城市建设设计导则（修订）》	2018年6月	指导设计	指导方案阶段及施工图阶段海绵设计，明确设计要点、并配合遂宁海绵审查工作，规定制式成果
《遂宁市海绵城市建设标准图集》	2018年6月	指导设计	提供遂宁典型海绵设施细部参考结构
《遂宁市海绵城市建设项目施工及验收技术导则》	2018年6月	指导施工及工程验收	介绍施工要点及验收要点，明确海绵专项验收流程及制式材料
《遂宁市海绵城市建设设施运行维护导则（试行）》	2018年6月	指导运维	明确运维主体，指导6大类海绵设施运营维护

2．地方特色和亮点凸显

1）涵盖了遂宁创新技术

遂宁市基于海绵城市建设试点经验，编制形成了经过实践检验的现行标准规范体系。与此同时，随着试点建设的不断推进，遂宁市逐步摸索出了透水混凝土、碎石渗透带、"微创"型雨水口、边带透水道路、钢带波纹管蓄水技术等与本地基础条件高度契合的海绵技术。基于这些创新技术，相继完成了复丰巷小区内涝治理、体育中心海绵化改造、联福家园小区建设、东平干道海绵化改造等项目建设，项目完工后，因很好地实现了景观和功能的有机融合，很快便成了被业界和专家高度认可的样板，其余项目则参照这些样板建设。试点期间，道路"微创"型雨水口改造技术和边带透水道路技术已获得国家知识产权局颁发的专利证书，其他创新技术和做法也形成了适合遂宁海绵城市建设全面推广的设计、施工技术模式，并形成了一套完整的技术参数。

在《遂宁市海绵城市建设设计导则（修订）》《遂宁市海绵城市建设标准图集》《遂宁市海绵城市建设项目施工及验收技术导则》中均有对以上技术的专章描述（图3-12、图3-13）。

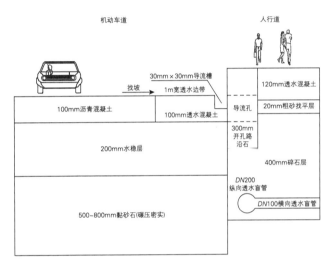

图3-12　与东平干道海绵化改造项目参数图相关的《遂宁市海绵城市建设项目施工及验收技术导则》

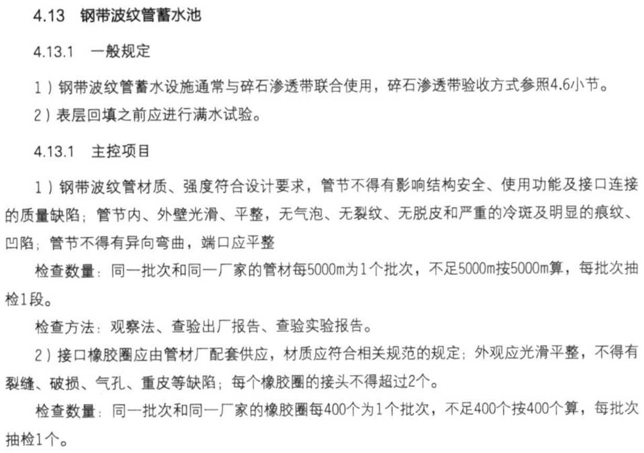

4.13　钢带波纹管蓄水池

4.13.1　一般规定

1）钢带波纹管蓄水设施通常与碎石渗透带联合使用，碎石渗透带验收方式参照4.6小节。

2）表层回填之前应进行满水试验。

4.13.1　主控项目

1）钢带波纹管材质、强度符合设计要求，管节不得有影响结构安全、使用功能及接口连接的质量缺陷；管节内、外壁光滑、平整，无气泡、无裂纹、无脱皮和严重的冷斑及明显的痕纹、凹陷；管节不得有异向弯曲，端口应平整

检查数量：同一批次和同一厂家的管材每5000m为1个批次，不足5000m按5000m算，每批次抽检1段。

检查方法：观察法、查验出厂报告、查验实验报告。

2）接口橡胶圈应由管材厂配套供应，材质应符合相关规范的规定；外观应光滑平整，不得有裂缝、破损、气孔、重皮等缺陷；每个橡胶圈的接头不得超过2个。

检查数量：同一批次和同一厂家的橡胶圈每400个为1个批次，不足400个按400个算，每批次抽检1个。

图3-13　关于钢带波纹管蓄水池的《遂宁市海绵城市建设项目施工及验收技术导则》

2）技术规范结合本地管理特点

遂宁市在海绵城市建设试点期间，形成了方案审查、施工图审查的两级管控机制。其中，海绵城市建设方案审查是项目呈报规委会审核的前置条件，施工图审查是项目核发施工许可证的前置条件。《遂宁市海绵城市建设设计导则（修订）》将这一流程固化，同时就相关技术问题做出了详细规定（图3-14、表3-5）。

图3-14 遂宁市"海绵专篇"设计流程（摘自《遂宁市海绵城市建设设计导则（修订）》）

海绵城市专项设计指标列表样表（摘自《遂宁市海绵城市建设设计导则（修订）》）　　　　　表3-5

海绵城市专项设计指标列表

下垫面种类	汇水面积（m²）	雨水径流系数Φ	面积占比	备注
硬屋面	×××	0.85	×××	
绿色屋面	×××	0.35	×××	
硬质道路	×××	0.85	×××	
硬质铺装	×××	0.85	×××	
透水铺装	×××	0.25	×××	
普通绿地	×××	0.15	×××	
下沉式绿地	×××	0.15	×××	
……	……	……	……	
合计	×××	×××	100.00%	

综合雨量径流系数=×××

年径流总量控制率目标=×××

设计降雨量=×××mm

设计调蓄容积$V=10×Φ×H×F$=×××

调蓄措施	数量	调蓄容积计算
植草沟	×××	×××
0.5m深碎石下渗带	×××	×××
透水混凝土下碎石	×××	×××
砖砌蓄水池	×××	×××
雨水花园	×××	×××
……	……	……
项目内措施合计调蓄容积×××		设计调蓄容积与设施调蓄容积比较

3）方案选择及技术应用彰显遂宁导向

对于项目方案，遂宁海绵城市建设相关导则均有明确导向。如：遂宁市老旧小区海绵化改造的理念为"海绵+n"，即对老旧小区宜实施以海绵化改造工程为主的综合改造；次新小区海绵化改造的理念突出"低影响"，技术上主要采取雨水断接、场内竖向微调等方式，将小区雨水引入周边开敞空间进行消纳；全新小区的建设则以目标为导向，通过低影响开发雨水系统技术，达到径流控制目标。

在具体技术应用上，遂宁依据试点经验，在相关地方规范标准中明确了取舍（表3-6）。

支持的技术	明确谨慎使用的技术
"微创"型雨水口 钢带波纹管蓄水带 海绵卓筒井 整体（边带）透水混凝土道路 雨水花园 植草沟 碎石渗透带 透水混凝土	塑料蓄水模块 透水砖 透水沥青 绿化屋顶

3．边试点边完善，动态更新

遂宁市海绵城市建设的标准规范体系非一蹴而就，而是随试点工作的开展，逐步积累经验，不断修缮完成。

试点初期，《遂宁市海绵城市规划设计导则（试行）》《遂宁市海绵城市设计图则（试行）》《遂宁市海绵城市植物名录（试行）》与《遂宁市海绵城市专项规划》同步编制，并于2015年12月同步发布实施。以上导则规范对试点初期遂宁市海绵城市建设起到很好的技术指导作用。

试点期间，遂宁市结合本地实际情况，因地制宜，充分运用本地材料和工艺，创新了碎石渗透带、"微创"雨水口、边带透水道路、钢带波纹管蓄水带等技术，在体育中心、东平干道、盐关街片区、芳洲路等项目海绵化改造过程中进行试点打样，总结出适用于本地的技术参数。

遂宁市将这些新技术、新参数逐步融入标准体系之中，形成标准体系的动态更新格局。

管控体系——建立一套"全域全程全覆盖"的管控体系

3.4.1 规划引领、统筹推进

海绵城市建设是一个系统工程，必须坚持规划引领，推进"全域海绵"。

遂宁市按照《遂宁市海绵城市专项规划》的要求，修编完善了控制性详细规划，通过多规衔接、多规合一，将海绵城市建设任务进行了明确和分解，统筹推进"大""小"海绵建设。将海绵城市建设的全域宏观目标分解成各单位用地上的微观具体指标。政府负责城市河湖水系统及市政基础设施这一"大海绵"重构，开发单位则严格落实单元地块的低影响开发雨水系统这一"小海绵"建设。

遂宁市在海绵城市建设规划中，十分注重对山水林田湖生态系统的分析梳理，最大限度地保留原场地良好的生态本底。例如河东二期试点面积13.1km²，规划的水域和绿地面积约占60%，实现了"300m见绿、500m见水"的优美城市生态格局，充分体现了"生态为本、自然循环"的原则。

海绵城市建设的根本目标是恢复和保护水生态、水环境，实施全域海绵城市建设才能实现从量变到质变的连片效应。保护、恢复、建设好城市规划划定的蓝线、绿线，应用生态途径解决城市水环境问题，让城市成为会"呼吸"的生命体，实现"小雨不积水，大雨不内涝，水体不黑臭，热岛有缓解"的基本要求，这是对海绵城市、水生态试点城市的基本要求。

遂宁市在推进海绵城市建设过程中，按照"山水林田湖是一个生命共同体"的理念，将"生态安全格局—河湖空间保护—低影响开发"三大系统集成应用，系统地考虑建筑、广场、道路、绿地、水体之间的联系，坚持绿色为主、灰绿结合，充分发挥系统集成的综合效益。使"山—水—人—城"融为一体，为市民创造可视、可感、可获的绿色生态环境。让每一个城市开发的参与者，都成为海绵城市的建设者，使海绵城市建设不仅仅是政府的工作，而是全社会的共同责任，实现海绵城市的全民共建共享共治。

3.4.2 把控关口、确保落实

只有做好全程管控工作，才能更好地保障海绵城市规划落地。为了避免海绵城市这一新鲜事物在规划层面沦为"纸上画画，墙上挂挂"的空话，新区对所有在建及拟建项目，不论试点区域内或外，都实施了从规划设计、施工建设到运营维护的全程管控，在进行存量改造的同时，严格控制增量（图3-15~图3-17）。

针对新建划拨类项目、新建出让类项目、改造类项目审批流程特点，植入海绵把控关口，明确审批环节、审批要点和审批单位。

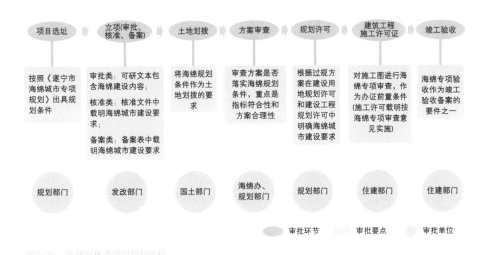

图3-15 新建划拨类项目管控流程

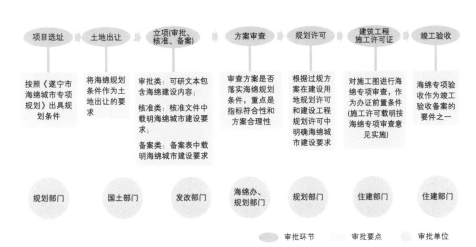

图3-16 新建出让类项目管控流程

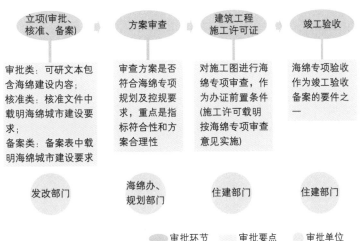

图3-17 改造类项目管控流程

3.4.3 严格考核、落实监管

1.政府投资纳入督查

遂宁市目督室《关于印发〈遂宁市海绵城市建设工作考核办法〉的通知》（遂目督发〔2015〕46号）将海绵城市建设考核要求纳入全市年度目标绩效考核体系，实行倒扣分制（最多不超过2分）。各责任单位于每月5日前将上月的推进情况报市目督室、市海绵办，市目督室将会同市委督查室、市海绵办开展定期督查，随机抽查，每月通报。平时动态考核由市海绵办牵头组织落实，年度考核由市目督室会同市海绵办采取查看现场、查阅资料等方式在12月底前组织实施。对未按进度要求完成任务的单位进行通报批评并扣减目标分，对进度严重滞后的，将严格追究相关单位及人员责任。

2.社会投资纳入管控

2015年10月，遂宁市住建局、市规划局联合出台了《关于开展海绵城市规划建设管控工作的通知》（遂建发〔2015〕191号），明确提出了全域管控要求。主要内容如下：2015年10月1日以后报审的新（改、扩）建项目严格按照海绵城市建设的要求实施；2015年9月30日前已审批且未开工的新（改、扩）建项目，须按照海绵城市建设的要求，补充专项设计施工图并按程序报审实施；在建但尚未完成附属工程的项目，应依法通过设计变更，落实海绵城市建设要求。

项目开发建设对生态环境会造成一定的影响，项目业主有责任承担生态补偿义务，倡导"谁开发，谁负责"。遂宁市在海绵城市建设中始终坚持企业为主体，以政府的最少投入带来民间的大投入大产出。一方面，通过制定管理措施明确各开发主体恢复生态环境本底的义务，凡是新建项目都由建设业主自行投资建设；另一方面，在技术上积极指导，提供帮助，保障企业主体无技术之忧。

3.施工、中介严格审查

项目建设流程中的委托机构、第三方参与者包括可研编制单位、环评编制单位、安评编制单位、水土保持编制单位、应急保障编制单位、方案设计单位、初步及施工图设计单位、施工图审查单位、施工单位以及监理单位。遂宁市采取的做法是重点管控方案设计单位、初步及施工图设计单位、施工单位以及监理单位。

在方案阶段的海绵专篇审查过程中，将方案设计单位纳入管控内容。对无海绵城市建设相关资质和业绩的方案编制单位，不予以海绵专篇审查。

在初步及施工图设计单位招标时，将海绵城市建设相关资质和业绩纳入招标文件前置条件，不符合要求的设计单位不得参与投标。

在施工单位、监理单位招标时，将海绵城市建设相关资质和业绩纳入招标文件前置条件，不符合要求的施工单位、监理单位不得参与投标。对于重点海绵城市建设项目，以及有重大影响的海绵城市建设项目，提高施工单位、监理单位的准入要求。

3.4.4　建立一套标准化管控模式

1．建立了方案制定阶段海绵专篇审查模式

方案制定阶段主要以"一表三图"为核心进行审查。"一表"，指海绵城市建设专项设计指标列表；"三图"，指项目排水分区图、项目下垫面及海绵设施布局图（图3-18）、项目排水路由图。

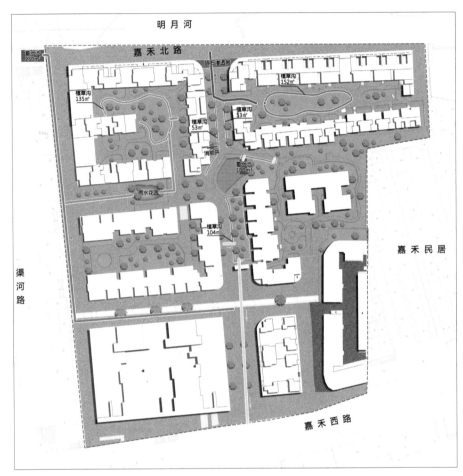

图3-18　项目下垫面及海绵设施布局图（金色海岸）

2．明确了施工图审查阶段海绵审查内容

遂宁市规定，项目施工图设计阶段应就海绵城市建设方案进行细化，原则上不得更改经海绵城市建设主管部门审核的海绵城市建设方案设计。如确需对方案进行调整，应重新编制项目方案报海绵城市建设主管部门审核。

施工图设计成果中应包括：

（1）施工图设计说明，须包含设计依据、各排水分区径流指标控制校核表、雨水管网水力计算书、海绵设施涉及的材料型号、规格、抗压强度、厚度等参数。

（2）排水分区图。

（3）海绵设施平面布局图，须标明所有海绵设施的位置及占地面积。

（4）雨污水管线设计图，须标明管径、管长、坡度、流向、检查井标高等信息。

（5）所有海绵设施大样图。

（6）工程量统计表。

3．明确了海绵城市建设专项验收标准化流程

海绵城市建设专项验收在项目附属工程完工后进行，分资料审查和现场核实两阶段。

建设单位须向海绵城市建设主管部门提供如下资料申请验收：

（1）经海绵城市建设专项审查合格的施工图。

（2）海绵城市建设专项竣工图。

（3）排水管网竣工测绘图。

（4）海绵城市建设工程验收表。

（5）海绵城市建设技术交底及过程影像资料。

（6）主要海绵城市建设产品的质保资料。

资料经海绵城市建设主管部门审查合格后，再进行现场核实。现场核实由建设单位组织实施，海绵城市建设主管部门、市政管理部门、施工单位、设计单位、监理单位等部门必须参加。各验收主体现场核实后，共同签署现场核实意见。现场核实不合格的，整改后由建设单位重新组织项目专项验收。

投融资模式——建立一套以PPP为主的多元化投融资模式

遂宁市海绵城市建设试点项目共346个，计划总投资58.28亿元，实际完成投资55.66亿元。其中，PPP项目包中海绵城市建设部分完成投资27.96亿元，政府投资完成23.87亿元，业主投资3.83亿元。通过海绵城市建设带动相关城市基础设施建设实现投资118亿元。

3.5.1 PPP主建：推进连片项目海绵城市建设

海绵城市建设有利于保护和修复城市水生态系统，有利于有效应对洪涝灾害和水环境污染，有利于人水和谐和提高水资源利用率。然而，海绵城市建设具有建设内容繁杂、工程技术质量要求高、资金投入量大、后期运营管理维护难度大等特点，加上受三年试点期限限制，导致海绵城市试点建设时间紧、任务重，不仅需要大量资金投入，还需要专业团队参与项目建设和后期运营维护管理。不过，海绵城市建设项目本身具有一定的收益，能够产生较为稳定的现金流，通过引入优质社会资本参与项目的建设和后期运营管理，将专业的事交给专业的人来做，不仅能够提升公共服务供给质量、提升公共产品供给效率和公众幸福指数，还能有效缓解地方政府当期财政压力、化解债务危机、平滑年度间财政支出波动。因此，海绵城市建设需求与PPP模式特点有着非常高的契合度，在通过海绵城市建设初步物有所值和财政承受能力论证后，遂宁市选择了以PPP模式作为海绵城市建设试点项目的主要投融资方式。

遂宁市作为全国首批海绵城市建设试点，无论是市委、市政府，还是行业主管部门、建设团队，首先从理念层面就对PPP模式的本质认知和理解十分到位，没有片面地把PPP模式作为一种单一的融资手段，而是把它作为加快转变政府职能、提升政府治理能力的一次体制机制变革的有效方式，"引入社会资本的资金和能力"，"使市场在资源配置中起决定性作用和更好发挥政府作用"，政府和市场协调互动融合发展的纽带，真正当成一种创新的公共产品公共服务市场化、社会化供给方式，从而促进政府公共服务管理模式的变革。

1．项目基本情况

遂宁市按照国家海绵城市建设试点"体现连片效应，避免碎片化"的要求，综合考虑排水分区、行政区划等因素，将海绵城市建设项目整合成5个PPP工程包，总投资69.04亿元，政府支出责任约为91.86亿元（扣除中央财政补助资金）。截至目前，5个项目政府支出责任已全部获得市人大批准，同意纳入跨年度财政预算和中长期财政规划。

5个PPP模式项目工程包分别为：①遂宁市河东新区海绵城市建设仁里古镇PPP项目，计划总投资13.2亿元，计划分三期实施，拟合作期限11年。其中，各期子项目建设期为2年（2016—2018年、2017—2019年、2018—2020年），运营维护期为9年，每期项目通过竣工验收后进入运营。②遂宁市河东新区海绵城市建设一期改造及联盟河水系治理PPP项目，计划总投资约10.01亿元，拟合作期限10年。其中，建设期为2年（2016—2018年），运营维护期为8年。③遂宁市河东新区海绵城市建设五彩缤纷北路景观带PPP项目，计划总投资约10亿元，拟合作期限10年。其中，建设期为2年（2016—2018年），运营维护期为8年。④遂宁市河东新区海绵城市东湖引水入城河湖连通及市政道路PPP项目，计划总投资10.58亿元，拟合作期限10年。其中，建设期为2年（2017—2019年），运营维护期为8年。⑤遂宁经济技术开发区产业新城（PPP）一期项目，计划总投资25.26亿元，拟合作期限10年。其中，建设期为3年（2015—2017年），运营维护期为7年（图3-19、表3-7）。

上述5个PPP项目均已在财政部PPP综合信息中转入"执行阶段"，已全部开工建设。截至目前，5个项目中的部分子项目已完工，其余项目均在稳步推进过程中，

图3-19 遂宁市海绵城市建设PPP项目空间分布

基本情况					项目投资情况			项目采购情况				项目回报率			签约情况			项目公司情况				
---	---	---	---	---	---	---	---	---	---	---	---	---	---	---	签约双方名称				政府出资情况			
项目名称	运作方式	回报机制	拟合作期限	实施机构	是否入库	总投资额（万元）	其中：社会资本投资（万元）	采购方式	中标社会资本方	合同金额（万元）	合作期限	综合回报	资本金部分	融资部分	甲方	乙方	签约时间	项目公司名称	政府出资代表	政府出资额（万元）	政府方股权占比（%）	融资利率
遂宁经济技术开发区产业新城一期（PPP）项目	BOT	政府付费	10年	遂宁经开区管委会	是	252600	227340	公开招标	中冶交通建设集团有限公司、中冶高新建设高新工程技术有限责任公司、杭州中宇建筑设计有限公司、中冶建信投资基金管理（北京）有限公司	252600	10	6.80%			遂宁经济技术开发区管理委员会	中冶交通建设集团有限公司、中冶高新建设高新工程技术有限责任公司、杭州中宇建筑设计有限公司、中冶建信投资基金管理（北京）有限公司	2016年2月1日	遂宁开鸿建设开发有限公司	遂宁开达投资有限公司	100	10	按基准利率上浮15%
河东新区海绵城市建设仁里古镇项目	BOT	可行性缺口补助	11年（分3期实施，各期实施的子项目的合作期限分别计算）	河东新区建设局	是	132000	129360	公开招标	四川易园园林集团有限公司、云南云投生态环境科技股份有限公司、四川华腾工程技术有限公司	132000	11	9.02%		按基准利率上浮15%	河东新区建设局	遂宁仁里古镇文化旅游开发有限公司	2017年10月26日	遂宁仁里古镇文化旅游开发有限公司	遂宁东沿投资有限责任公司	2640	10	按基准利率上浮10%

续表

基本情况						项目投资情况		项目采购情况		签约情况								项目公司情况				
项目名称	运作方式	回报机制	拟合作期限	实施机构	是否入库	总投资额(万元)	其中:社会资本投资(万元)	采购方式	中标社会资本方	合同金额(万元)	合作期限	项目回报率 综合回报	资本金部分	融资部分	签约双方 甲方	乙方	签约时间	项目公司名称	政府出资情况 政府出资代表	政府出资额(万元)	政府方股权占比(%)	融资利率
河东新区海绵城市建设一期改造及联盟河水系治理项目	BOT	政府付费	10年	河东新区建设局	是	100138	98135.2	公开招标	深圳华控赛格股份有限公司、中国市政工程华北设计研究总院有限公司、中建三局集团有限公司、北京天华绿化工程有限公司、北京翔鲲水务建设有限公司	100138	10		9.96%	按基准利率上浮10%	河东新区建设局	遂宁市华控环境治理有限责任公司	2017年10月26日	遂宁市华控环境治理有限责任公司	遂宁市河东开发建设投资有限公司	2002.8	10	按基准利率系
河东新区海绵城市建设五期绚纷北路景观带项目	BOT	政府付费	10年	河东新区建设局	是	100000	98000	公开招标	龙建路桥股份有限公司、黑龙江省水利水电集团有限公司、江西省园艺城乡建设集团有限公司	100000	10		6.83%	按基准利率	河东新区建设局	遂宁市龙兴建设有限公司	2017年10月26日	遂宁市龙兴建设有限公司	遂宁市河东开发建设投资有限公司	2000	10	按基准利率上浮15%

续表

基本情况						项目投资情况		项目采购情况		签约情况								项目公司情况				融资利率
							其中:社会资本投资(万元)					项目回报率			签约双方				政府出资情况				
项目名称	运作方式	回报机制	拟合作期限	实施机构	是否入库	总投资额(万元)		采购方式	中标社会资本方	合同金额(万元)	合作期限	综合回报	资本金部分	融资部分	甲方	乙方	签约时间	项目公司名称	政府出资代表	政府出资额(万元)	政府方股权占比(%)		
遂宁市河东新区东湖引水入城河湖联通及市政道路PPP项目	BOT	政府付费	10年	河东新区建设局	是	105800	103684	公开招标	中国建筑一局(集团)有限公司、深圳市前海建合投资管理有限公司、湖北大禹水利水电建设有限责任公司、重庆市宏园林景观绿化工程有限责任公司	105800	10		8.63%	按基准利率上浮15%	河东新区建设局	中建一局	2017年1月18日(草签合同)			2116	10		

具体项目推进情况如下：

（1）产业新城项目，已完成投资17.15亿元。其中，纵一路已完成竣工验收。大英快通项目已完成交工验收，海绵城市完成竣工验收。一标段（凤台高架）目前正在进行初设图纸评审，红线清表正在进行，二、四标段仅剩玉龙立交匝道及沿线人行道。滨江南路湿地水生态环境修复工程已完成园区示范段市政道路人行道安装、园区示范段人行道特色铺装、菩提之心段E区临水挡墙及停车场挡墙混凝土浇筑和台地砖砌筑、柳叶桥段人行碎石铺装。龙兴怡园6栋住宅主体结构均施工完成，住宅区正进行二次结构施工。水库村住宅部分二次结构完成100%，地下室二次结构完成100%，抹灰完成10%，地下室消防喷淋和通风排烟分别完成制作和安装85%。

（2）仁里古镇项目，已完成投资6.2亿元。仁里古镇下街三纵两横5条道路的沿街风貌与市政配套基本完成。联盟河景观改造（提升）工程基本完成。联盟河光彩及灯光秀工程已完成70%。游客中心和静音别院新建工程基本完成。仁里片区9条道路及市政改造基本完成。东山森林公园新建工程（南海寺）房建已完工，正在进行总施工。临仙阁周边景观及道路改造、古镇北入口广场、公园1912、仁里小学、仁里苑等项目改造已完工。

（3）河东一期改造及联盟河水系治理项目，已完成投资约8亿元。河东一期70个海绵化改造项目已基本完工。已完成联盟河河东段沿线畜禽养殖搬迁、河东一期建成区3个排污口截污建设和25个雨污混接点改造，正进行联盟河河东二期段剩余24个排污口截污及截污管网建设、联盟河阳堡堰段和新开河段生态湿地建设、硬质驳岸软化、景观建设。芳洲中路正进行清汤河大桥与8号桥梁建设，道路部分完成至水稳层施工，现施工东阳路与东平北路交叉路口。香林路、东阳路、甘霖西街三条道路施工基本完成。

（4）五彩缤纷北路景观带项目，已完成投资5.2亿元。合家欢园区已经建成并向公众开放，城市大观区土方工程基本完成，园区道路完成45%，水电管网工程完成48%，乔木栽植完成60%。五彩缤纷北路1号桥完成70%，五彩缤纷北路一期已完工，二期已完成1.3km。

（5）东湖引水入城河湖连通及市政道路项目，已完成投资3.2亿元。东湖土方开挖工程基本完成。东湖景观堆坡塑形完成70%。东湖路道路完成透水混凝土铺筑，正在进行分车绿化带行道树栽植。腾龙路、东平路已完成水稳层施工，正在进行路沿石安装和人行道施工。东平路管廊建设完成800m。

截至目前，遂宁市河东新区海绵城市建设仁里古镇PPP项目已被列入财政部第四批PPP示范项目。遂宁经济技术开发区产业新城（PPP）一期项目已被列入四川省第一批PPP示范项目，遂宁市河东新区海绵城市建设仁里古镇PPP项目、遂宁市河东新区海绵城市建设一期改造及联盟河水系治理PPP项目和遂宁市河东新区海绵城市建设五彩缤纷北路景观带PPP项目三个项目已被列入四川省第三批PPP示范项目。

2. 项目前期准备（以仁里古镇项目为例）

遂宁市海绵城市建设PPP项目主要由政府发起，财政部门根据行业主管部门提供的潜在政府和社会资本合作项目清单，会同行业主管部门，对潜在政府和社会资本合作项目进行评估筛选，确定备选项目，并根据筛选结果制定项目年度和中期开发计划再由行业主管部门开展项目前期包装和后续推进工作。具体操作流程如图3-20所示。

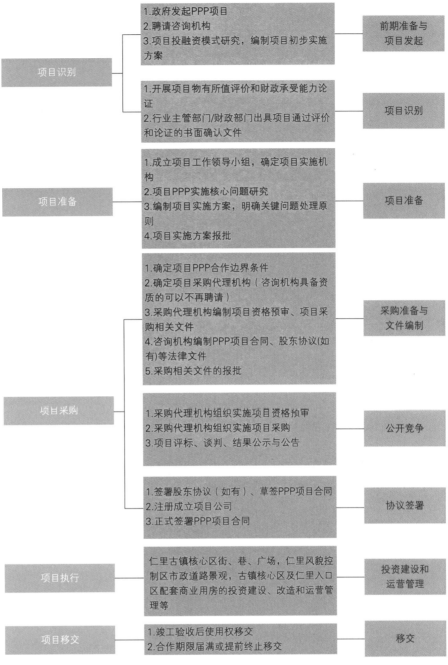

图3-20　项目实施流程图

1）物有所值评价流程图（图3-21）

2）财政承受能力论证步骤

步骤一：财政支出责任识别。

主要包括股权投资、运营补贴、风险分担和配套投入四个部分。

步骤二：财政支出责任测算。

主要包括：一是股权投资测算；二是运营补贴测算（根据股债分离原则，采用等额本息分别测算社会资本投入项目资本金投资收益、项目融资还本付息和运营成本及合理利润）；三是风险分担（具体为建设成本超支风险和不可抗力风险）。四是配套投入。

步骤三：政府财政承受能力评估。

根据财政部印发《政府和社会资本合作项目财政承受能力论证指引》（财金

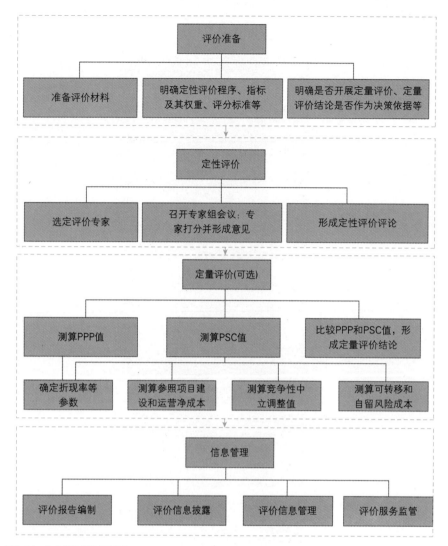

图3-21　物有所值评价流程图

〔2015〕21号）第二十五条"每一年度全部PPP项目需要从预算中安排的支出责任，占一般公共预算支出比例应当不超过10%"的规定，评估已实施和拟实施的项目年度全部财政支出责任，是否超过当年一般公共预算支出的10%。

步骤四：行业和领域均衡性评估。

行业和领域均衡性评估指的是根据PPP模式适用的行业和领域范围，以及经济社会发展需要和公众对公共服务的需求，平衡不同行业和领域PPP项目，防止某一行业和领域PPP项目过于集中。

步骤五：得出结论。

3）项目实施方案编制

项目实施方案主要包含项目概况、风险分配基本框架、项目运作方式、项目交易结构、项目合同体系、项目监管框架、退出机制、绩效考核和社会资本采购方式的选择等内容。坚持统筹存量与新建项目，实现连片效应。兼顾项目非经营性与准经营性，达到肥瘦搭配。考虑试点区以内和试点区以外，做到近期和远期有机结合，合作期限控制在财政部明确规定的（原则上不低于10年不高于30年）范围内；坚持利益共享，风险分担，合作共赢，建设、融资、运营等商业风险由社会资本方承担，法律、政策等方面的风险由政府方承担，不可抗力风险由双方共同承担；上述项目均采用BOT（建设—运营—移交）模式实施，符合PPP操作相关规定；合理确定项目交易机构，根据相关规定合理设定资本金和融资资金比例，科学选用计算方法测算政府支出责任，并进行对比测算；建立并优化合同体系，明确政府和社会资本双方权责利，合同明确约定谈判机制、退出机制、履约保障机制、监管机制等条款；建立绩效考核指标体系，制定涵盖建设期和运营期的PPP全生命周期绩效考核办法和实施细则。

以河东仁里古镇PPP项目为例，部分实施方案内容如下：

（1）项目运作模式（图3-22）

A．经遂宁市人民政府同意，遂宁市河东新区管委会授权河东新区建设局，通过公开、公平、公正的方式采购，确定具有相应资质的社会资本方，中标社会资本方与政府方出资人（政府授权平台公司）签署股东协议，通过股权合作方式共同出资组建PPP项目公司。

B．河东新区建设局与项目公司签署《PPP项目合同》，授予项目公司在合作期限内投资建设、改造和运营维护本项目。同时，将仁里古镇规划范围内全部归属于政府方的其他设施的特许经营权授予项目公司。

C．合作期限内，项目公司按照相关法律法规规定和《PPP项目合同》约定，采取BOT（建设—运营管理—移交）方式，投资建设和改造仁里古镇上下街、仁里风貌控制区市政道路及景观、古镇配套旅游服务设施、老旧院落等。根据授权自主规划古镇经营主题、经营方式，打造具有浓郁地方特色的古镇旅游经济体，通过河东新区财政局支付的费用和经营收益回收投资成本并获得合理的回报。

D．合作期限内，河东新区建设局及其他行业主管部门根据其各自管理职能，按照相关规范标准规定和《PPP项目合同》约定，对项目公司投资建设和运营维护情况进行考核和监管，河东新区财政局根据考核情况向项目公司拨付费用。

E．项目建设完成或合作期限届满，项目公司需将竣工验收合格或运营状况良

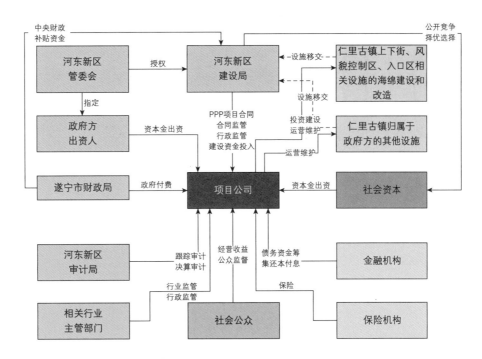

图3-22　仁里古镇PPP项目运作模式图

好的项目设施，完好无偿移交区建设局或遂宁市河东新区管委会指定的其他机构。

（2）项目交易结构

A. 项目投融资结构。本项目估算总投资为132000万元，包括项目前期工作费用、工程建设费用等，不包含建设期利息。资金按项目投资建设计划分期投入，每期实施的子项目建设资金根据建设进度计划分年投入。

B. 项目资本金。本项目的资本金为项目总投资的20%，总额为26400万元，社会资本方与政府出资方代表（东涪公司）按90%：10%的比例，以现金形式出资。其中，社会资本方出资23760万元，东涪公司出资2640万元。资本金按照项目投资计划分期平均投入。

C. 项目融资费用。除项目资本金外，其余建设、维护所需资金（即项目融资费用，按项目总投资的80%计算，总额为105600万元）由项目公司采取向金融机构融资、股东贷款等方式筹集，建成后的项目设施归政府方所有（改造的居民房屋所有权归居民所有）。

项目公司可以将本项目收费权质押进行融资，但不得抵押、质押项目资产。中标社会资本方应当为项目公司融资提供担保，政府方出资人按规定为项目公司融资提供必要的支持。

（3）项目回报机制

项目的主要产出为市政道路、河道治理及景观、配套旅游服务设施，项目回报主要来源于政府付费和可行性缺口补助。按照《四川省财政厅关于印发〈四川省政府与社会资本合作（PPP）项目评价论证要点指引（试行）〉的通知》（川财金〔2017〕82号）等文件要求，为清晰界定政府支出责任，项目根据"股债分离"原则，将项目投资回报分为社会资本的资本金投资收益、融资还本付息和运营成本及合理利润三部分。在测算财政支出责任时，对采用《政府和社会资本合作项目财政承受能力论证指引》（财金〔2015〕21号）公式和采用等额本息方式的计算结果，进行对比分析，最大限度降低政府支出责任。

其中，社会资本出资方的资本金投资收益，根据社会资本投入的项目资本金和一定的投资收益率确定，社会资本出资方在投标过程中需对资本金投资收益率进行报价，且报价不得高于政府设定的最高限价。本项目资本金合理利润率为9.015%。融资还本付息，根据项目融资资金的到位时间、金额和社会资本出资方（项目公司）的实际融资利率计算，避免社会资本出资方赚取"息差"，社会资本出资方在对融资利率进行报价时，应不超出政府限定的合理范围（从中标结果看，各子项目包的融资利率均在基准利率上浮20%以下），本项目的融资利率为5.635%；运营成本及合理利润，由政府科学核定后设定最高限价，社会资本出资方的投标报价不得高于最高限价。项目转入执行阶段后，政府财政支出责任将分年度纳入财政预算安排，保障项目顺利推进。如此设计，政府能够清楚每一笔支出费用的用途，从而做到心中有数。本项目运营合理利润率为8%。整个项目综合回报率为6.8%，处于合理水平。

（4）项目绩效考核

政府针对项目类别建立科学、规范的绩效考核指标体系和制定可行的考核办法，细化各项考核指标，制定考核量化标准，具体考核办法和实施细则如下：

考核内容：绩效考核分为建设期绩效考核和运营期绩效考核，具体考核指标和要求如表3-8所示。

序号	指标类别	权重	指标要求
1	建设质量	50%	需符合《建筑工程施工质量验收统一标准》GB 50300—2013、《城镇道路工程施工与质量验收规范》CJJ 1—2008、《住房城乡建设部办公厅关于印发海绵城市建设绩效评价和考核办法（试行）的通知》（建办城函〔2015〕635号）等
2	建设进度	20%	按照PPP合同汇总关于贯彻进度计划的相关约定
3	环境保护	10%	按照《中华人民共和国环境保护法》（第九号国家主席令，2015年1月1日起实施）、《建筑项目环境保护管理条例》（国务院〔98〕253号令）、《大气污染物综合排放标准》GB 16297—1996、《建筑施工场界环境噪声排放标准》GB 12532—2011、《污水综合排放标准》GB 8978—1996、《地表水环境质量标准》GB 3838—2002、《环境空气质量标准》GB 3095—2012、《声环境质量标准》GB 3096—2008等
4	安全生产	10%	符合《建设工程安全生产管理条例》（国务院令第393号）、《建设项目安全设施"三同时"监督管理暂行办法》（国家安监总局令第36号）、《建筑施工安全检查标准》JGJ 59—2011等
5	应急处理	10%	按照《PPP项目合同》及《工程承包合同》中关于应急处置的相关约定，及时组织应急救援、处理和应对项目范围内的突发事件

考核办法：

A．常规考核。常规考核包括日常监督检查、定期联合检查和专项检查。

建设期内，项目公司应按照《PPP项目合同》的规定，向甲方递交工程进度报告。在整个运营维护期内，须在每季度结束后20日内向实施机构提交上一个季度的季度报告，报告包括但不限于日常检查、定期检查及专项检查记录的汇总表、日常维护维修情况记录的汇总表和相关投诉、建议及处理情况汇总等。

实施机构应在收到项目公司提交的工程进度报告、季度报告后组织考核，对项目的建设和运营维护内容进行检查。

实施机构对项目公司的建设管理绩效考核，在建设期进行。对维护期的绩效考核，从正式运营第一年开始（表3-9）。

B．临时考核。临时考核，指的是实施机构可以随时对项目公司的建设和运营维护情况进行临时检查。一旦发现缺陷，将在24h内以书面形式通知项目公司，项目公司在接到该通知后，应在要求的时间内修复缺陷。

评价类型	类别	权重W1	项目	权重W2	备注
设施维护管理状况	配套设施设备	50%	防洪类设施	20%	根据防洪类设施的建设标准及实际状态评分
			雨水滞蓄设施	20%	完好率评判标准根据实际设施设备清单另行制定。每季度抽检一次，取年平均值，记录设备设施堵塞、故障、破损及处理情况，不达标的限期整改
			堤岸护坡	20%	
			照明设施	20%	
			游憩设施	20%	
	植物抚育养护	30%	水生植被	33.3%	根据苗木清单，每季度抽检五个样方，取年平均值，记录存在的问题并限期整改
			陆生植被	33.3%	
			修剪收割	33.3%	评分标准另行制定，每周抽检一处，取年平均值
	日常保洁管理	10%	清洁卫生	100%	
投诉与媒体曝光	—	5%	投诉情况	100%	根据投诉与媒体曝光情况评分
公众满意度	—	5%	公众评价情况	100%	

临时考核结果纳入绩效考核结果。

C. 社会监督。"我们党的执政水平和执政成效都不是由自己说了算，必须而且只能由人民来评判。人民是我们党的工作的最高裁决者和最终评判者。"这是习近平总书记2013年12月26日在纪念毛泽东同志诞辰120 周年座谈会讲话中强调的群众工作和社会监督的重要性。海绵城市建设项目大多属于重大的民生项目，事关人民群众的安全感、获得感、幸福感，建设成效更应该由人民说了算。因此，遂宁市在制订PPP项目的绩效考核时，十分注重群众的认知和参与，充分发挥社会监督对项目品质的保障作用。对此，遂宁市采取的做法是，对12319热线、新闻媒体曝光、晨检、夜查以及社会上其他渠道反映的问题，悉数纳入绩效考核范围，强化社会监督效应。

考核得分与付费：

付费公式：政府付费金额$=\gamma_2 \times [\gamma_1 \times$（社会资本的资本金投资收益+融资还本付息费用）+维护管理费]

其中：γ_1指建设期绩效考核支付系数，γ_2指维护期绩效考核支付系数。

A. 建设期绩效考核。各子项目建设期内，实施机构将组织两次集中考核，具体时间由实施机构确定。考核完成后10个工作日内将考核结果书面告知项目公司，各子项目建设期两次绩效考核的平均得分，作为该子项目建设期绩效考核得分（表3-10）。

建设期考核评分表　　　　　　　　　　　　　　　　　　　　　　　　　　　表3-10

建设期绩效考核得分	γ_1（γ_1的最大考核系数为5%，竣工验收不合格的除外）
80≤考核分<100	$\gamma_1=100\%$
70≤考核分<80	$\gamma_1=92\%+\beta \times 0.8\%$，$\beta=$考核得分$-70$
60≤考核分<70	$\gamma_1=80\%+\beta \times 1.2\%$，$\beta=$考核得分$-60$
0≤考核分<60	$\gamma_1=0$

B. 运营维护期绩效考核。各子项目运营维护期内，实施机构每季度将组织一次考核，具体时间由实施机构确定。考核完成后10个工作日内将考核结果书面告知项目公司。项目公司当年维护期绩效考核得分，作为当年四季度考核得分的平均值。

运营期内，第一次出现考核得分在60分以下时，政府给予项目公司一次整改机会，以整改后的考核得分作为最终得分（因项目公司原因导致发生危害公共利益或公众安全的，考核不及格，亦不以整改后的考核得分作为最终得分）；若项目公司连续两年考核得分低于60分，视为项目公司违约，甲方有权终止执行本合同（表3-11）。

运营期考核评分表　　　　　　　　　　　　　　　　　　　　　　　　　　　表3-11

维护期绩效考核得分	γ_2（γ_2的最大考核系数为2.5%）
80≤考核分<100	$\gamma_2=100\%$
70≤考核分<80	$\gamma_2=60\%+\beta \times 4\%$，$\beta=$考核得分$-70$
60≤考核分<70	$\gamma_2=0+\beta \times 6\%$，$\beta=$考核得分$-60$
0≤考核分<60	$\gamma_2=0$

3．社会资本采购

遂宁市海绵城市建设试点的5个PPP项目均选择公开招标的方式，在招标条件中放开社会资本方准入门槛限制，鼓励民营企业等各类社会资本公平参与。严格按照《政府和社会资本合作项目政府采购管理办法》有关规定，将资格预审文件和招标文件报政府审批后，规范执行资格预审、公开招标、采购结果确认谈判、中标公告、合同签署等程序。公开招标选用综合评分法，综合考察社会资本方投标报价、资金实力、融资能力、项目建设、运营维护、公司业绩和管理人员配备等方面因素，最终择优选择最符合项目实际需求的社会资本方展开合作。

4．项目运维绩效管理

绩效考核、按效付费和项目运营管理，无疑是PPP项目后期的重点工作。为保证项目建设、运营的有机结合，遂宁市明确要求项目实施机构必须严格按照"事前设定绩效目标、事中进行绩效跟踪、事后进行绩效考核"的要求，建立涵盖项目建设期和运营期的全生命周期绩效考核机制。在绩效考核办法中，明确了考核部门、范围、指标、标准、程序等，并设定科学按效付费公式。同时，为有效激励和约束社会资本方履行项目全生命周期内的运营职责，在当年绩效考核得分最低的情况下，扣费额度扣减到社会资本当年应收回的项目资本金为止。

3.5.2 政府直建：推进分散项目建设

遂宁市老旧城区、船山区、国开区和河东新区的部分项目，主要是内涝改造、小区改造、湿地、水源保护和能力监测，这些项目投资相对较少，属于跨越汇水分区、比较零散的项目，对于这些独立项目，政府决定由辖区政府直接投资建设。

海绵城市建设试点期间，遂宁市政府直建项目共计104个，总投资25.2亿元，其中，市住建局负责的市政府住宅、金色海岸、渠河取水口北移以及能力监测平台建设等27个项目，总投资约6.32亿元，分别由市住建局、市代建中心、市水务投资公司投资建设。船山区负责圣莲岛、席吴二洲湿地改造、船山区政府改造等6个项目，总投资约3.27亿元，由船山区住建局、观音湖管委会及平台公司投资建设。河东新区负责德水路、东平大道等66个项目，总投资约15.14亿元，由河东新区住建局及平台公司投资建设。国开区管委会负责川中大市场内涝改造等5个项目，总投资约0.47亿元，由国开区平台公司建设。

为保证项目建设质量，上述项目都统一按照项目基本建设程序进行建设，通过公开招标方式，选择技术实力雄厚、管理能力强的企业进行建设。同时，招标聘请有类似经验的规划设计、监理、跟踪审计单位进行技术指导，并对成本、质量、进度等把关监督，最后组织相关责任主体开展海绵城市建设专项验收。项目后期的设施运维，则由辖区市政管理部门负责，确保政府直建项目经得住时间的考验。

遂宁市政府在推进海绵城市建设过程中，为赢得老百姓的支持，还充分考虑老百姓的需求，为老百姓解决实际困难和问题。以政府直建项目复丰巷小区为例：

复丰巷小区地处老城区，项目由市住建局任业主，通过招标确定设计、施工、监理等单位具体实施。该项目傍着涪江，在河堤外侧，地势低洼，小区为20世纪90

年代所建，基础设施陈旧，雨污不分，排水不畅，一遇大雨就遭灾。遂宁市将其纳入首批重点改造项目。2016年3月开始进行海绵化改造。改造方案经设计方、施工方和居民几次商量修改，很快付诸实施：小区入口设置11m截水沟，拦截周边客水，减少地表径流及排水管网压力。完善小区内部排水体系，实施雨污分流。改造主排水渠限流墙，降低高程，杜绝雨水倒灌。提高小区路面标高，铺装彩色整体透水路面，同时综合整治小区环境，改造花池、停车棚、老年活动中心，修缮了门卫值班室、围墙等，将复丰巷这个曾经内涝严重的小区动了一场"海绵手术"。这里不仅进行了地下管网改造，新建了一条排水沟，增大了污水管道过水量，道路上还铺上了透水混凝土。

复丰巷小区改造项目于2016年6月19日全面完工，建设成效显著。以前逢雨必涝的小区，当暴雨再次降临时，却没有出现内涝，社区居民从此告别了"逢雨看海"的日子。"改造期间，大家出门还是受了点影响。有人抱怨，说政府瞎折腾。没想到，现在连下暴雨时都不用担心积水了。大家特地办了一场坝坝宴庆祝，还给市住建局送去了感谢的锦旗。"居民王泽富对小区的改造感触颇深。

复丰巷小区的变化，只是遂宁市海绵城市建设的一个缩影。如今，政府通过科学规划布局，选用下沉式绿地、植草沟、雨水湿地、透水铺装、多功能调蓄、湿塘等低影响开发设施及其组合系统，实现雨水在源头的积存、渗透、净化和减量，将75%的雨水控制在源头，有效缓解"逢雨必涝、雨后即旱"的尴尬，让城市水环境最大限度地恢复到开发前的水平，有效降低了城镇化建设对自然生态的影响。

3.5.3　业主自建：推进开发项目海绵城市建设

遂宁市在推进海绵城市建设过程中，为满足群众诉求，引导业主自建方式也是亮点之一。众所周知，项目开发建设对生态环境会造成一定的影响，而项目业主有责任承担生态补偿的义务。为此，遂宁市依照"谁开发，谁负责"的原则，坚持引导企业积极参与海绵城市建设，此举旨在以政府的最少投入带来民间资本的大投入大产出，推进营利性开发项目规范建设、绿色发展。

1．出台文件加强政府管控

2015年10月，遂宁市住建局、市规划局联合出台了《关于开展海绵城市规划建设管控工作的通知》（遂建发〔2015〕191号），要求每个建设工程项目必须进行海绵城市建设（改造）专项方案设计。海绵城市建设试点期内，专项方案设计经属地住房和城乡建设部门初审后，报上一级海绵办或住房和城乡建设部门审核。审核通过后，方能提交专委会、规委会进行审查。海绵城市建设试点期结束后，专项方案设计经初审合格后提交专委会、规委会进行审查。专项方案审查不合格的项目，不予发放建设工程规划许可证。每个工程项目的海绵城市建设（改造）内容，都必须进行专项验收，不进行专项验收或专项验收不合格的项目，规划部门不予以规划条件核实，住房和城乡建设部门不予以竣工验收备案等要求。通知还明确提出了海绵城市建设全域管控的要求，统筹解决水资源、水安全、水环境、水生态等方面存在的问题，以此实现"小雨不积水、大雨不内涝、水体不黑臭、热岛有缓解"的目标。

2016年4月，遂宁市人民政府办公室出台了《遂宁市海绵城市规划建设管理暂行办法》（遂府办函〔2016〕56号），明确提出全市所有规划设计和建设项目必须按照海绵城市建设的要求实施。发改、规划、住建、城管、水务、财政、国土及各区县政府、园区管委会按照职责分工，做好海绵城市建设的监督管理工作。将海绵城市建设要求纳入土地拍卖、项目招标、规划许可、施工许可、项目过程监管、竣工验收、运营维护各个环节监管执行。

2. 加强专业技术人员指导

作为全国首批海绵城市建设试点，在缺乏现成的经验技术可资借鉴的情况下，只能是摸着石头过河，技术保障便成了决定项目建设成效的关键一环。对此，遂宁市借助国内知名科研院所提供的技术支撑，及时出台了海绵城市规划设计导则和设计图则，同时根据海绵城市建设专项规划和控制性详细规划，提出了年径流控制率、屋顶绿化、下沉式绿地、透水铺装"1+3"的规划指标条件，以此指导项目规划设计。为强化技术指导的落地效果，市海绵办及时组织设计、施工单位开展海绵城市建设技术培训和现场参观。市、区海绵办还在海绵城市建设设计专项审查时，对设计进行技术指导。对施工过程中遇到的技术问题，则安排专业技术人员现场指导。在工程竣工专项验收时，严格按照设计要求把关，对不符合设计要求的做法，指导并督促整改。

监管设施——建立一套"多目标结合、多功能融合"的综合监管平台

作为海绵城市建设管理与考核的基础，完善的数据体系是一个系统稳定运行的根基。因此，地方政府需要对运行管理与考核评估所需数据进行梳理，初步设计综合数据库结构，建立一个高效率、低冗余、动态可维护的存储机制，对各种类型的空间数据及属性数据提供多种方式的查询管理功能。遂宁市建设的海绵城市一体化管控平台，正是服务于全市海绵城市建设管控工作，支撑海绵城市建设项目全生命周期管理与考核评估工作。

遂宁市海绵城市监测平台建设项目通过构建覆盖遂宁市海绵城市试点区域全范围全方位的在线监测网络，多方位记录海绵城市建设相关设施建设运行情况。全面综合的监测数据是评估海绵城市试点区域建设成效的重要依据，同时为遂宁市排水防涝等重要模型的搭建及率定提供数据支撑，为试点区域的综合考核与评估提供科学性的依据。同时，建立一体化管控平台，从实时数据及综合评估效果等两个层面来集中反映海绵城市建设、运营和管理的全过程信息，全面提升海绵城市的运营管理、规划决策和建设维护等各环节水平。基于上述功能和作用，该平台也是一个系统的实施和建设过程。

3.6.1 平台架构：多指标一体化综合考核评估

1. 功能需求

遂宁市海绵城市监测平台建设项目，结合国家海绵城市建设文件要求与遂宁市具体情况，综合运用在线监测、地理信息系统、数学模型等先进技术，构建在线监测网络，多方位记录海绵城市建设相关设施建设运行情况，以海绵城市建设效果核心，以详细的过程数据为支撑，建立可评估、可追溯的海绵城市一体化管控平台及考核评估体系，为考核与评估提供依据。同时建立智慧海绵城市信息化平台，开展监测优化及考核评估技术服务，支撑海绵城市建设的过程监管、考核评估与综合管理，进而实现以下目标：

1）构建多指标一体化在线监测网络，支持建设管理与考核评估

构建包含实时在线与人工检测的综合监测网络，集液位、流量、悬浮物、温度、雨量于一体，覆盖遂宁市示范区全方位、长期有效，实现海绵城市建设动态情况的数据采集和远程传输，并为海绵城市信息化管理平台的开发提供数据支撑，实

现海绵城市建设全生命周期管理，对遂宁试点区内已建项目进行工程建设成效的自评估与内部考核。为模型评估率定提供重要的基础数据，保证遂宁排水防涝等模型的实用性与准确性，切实反映遂宁市海绵城市建设的成效。为给试点区域内内涝治理与应急治理提供科学性指导，建立的在线预警监测系统，能实时反映试点区域内水量、水位、水质的情况。

2）构建考核评估体系，全面评价遂宁市海绵城市建设效果

结合遂宁市试点区域实况，构建真实、系统、完整的考核评估计算方法体系，定量化评估遂宁市海绵城市在水生态、水环境、水资源、水安全等方面的改善效果。一体化管控平台能够直观准确地反映各项评估指标的达标情况与建设进程，分阶段展示海绵城市建设全过程的考核评估指标的变化情况，通过多元化的展示手段，实现科学指标的直观表达。

3）建立海绵城市建设综合管理平台，探索海绵城市长效建设管控机制

为达到通过管控平台实现信息的协同、互动和资料共享，支持海绵城市建设管理和考核评估工作，遂宁市建立的海绵城市一体化管控平台，实现了海绵城市一张图可视化展示、建设情况分级显示、监测数据集成显示、考核指标动态评估、海绵城市项目信息管理、现场运行情况采集等功能，对海绵城市长期的探索建设过程中获得的规划、设计、施工、制度系统建设、项目审批过程管理等多方面的成果资料进行分类分阶段的综合管理与应用，借此保证成果资料能被充分利用。

4）实现多方协同共用，提升城市规划建设治理水平

遂宁海绵城市一体化管控平台基于监测大数据及合理模型化建设，在平台内实现数据资源共享、城市智慧平台互联。利用长期的数据分析及情景模拟，实现后期城市建设规划设计的审核率定。形成项目审批系统，集成示范区内所有项目建设过程经验与资料，拓展至示范区外区县，建立有效的覆盖全遂宁市的项目统筹调度运行体系。

2．系统结构

自2016年起初步建设至试点期结束时，遂宁市已建立了涵盖整个示范区域较为综合全面的运维管控信息平台系统。遂宁市在海绵城市建设过程中，一方面结合该市实际情况实行并不断优化监测方案，监测设施的长期运行效果，及时发现运行风险及问题，并进行有效的处理处置，支持现场运行情况的应急预警，提高设施的运行保障率；另一方面，同步建设海绵城市信息化管理平台，建立综合数据库，录入海绵城市规划、建设、运营、考核的全过程数据，开发应用子系统，进而实现对海绵城市规划建设的全过程信息进行有效记录，支持海绵城市建设全生命周期管理，保障设施的持续运营。最后基于动态监测数据，落实监测评估考核体系，动态优化综合监测方案，阶段性地开展指标评估工作，为海绵城市建设提供合理化建议。

监测平台建设项目主要包括4方面能力建设内容：在线监测网络构建、信息化管理平台建设、水质采样化验与分析、考核技术咨询服务。具体实施内容为相关在线监测网络建设、数据采集传输系统、服务器存储、大屏幕展示系统、基础软件、应用软件、人工采样与水质化验、技术咨询服务等（图3-23）。

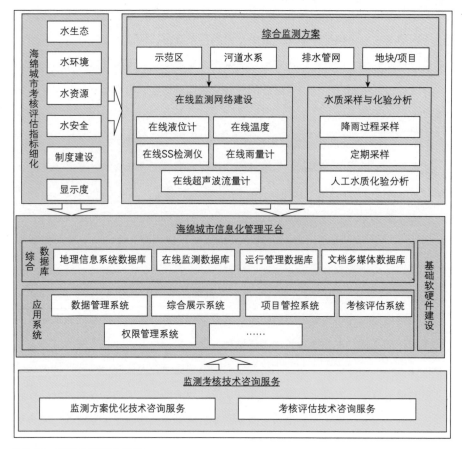

图3-23　监测项目建设技术路线

遂宁市监测平台建设项目的成果，主要体现于遂宁海绵城市一体化管控平台的建成与完善。该信息化管理系统的总体结构组成，主要包含基础软硬件支撑平台、综合数据库、应用层三个部分的设计与实施（图3-24）。

图3-24　系统总体框架

3. 功能模块

结合遂宁市海绵城市建设特点，基于监测数据客观评估海绵城市在水生态、水环境、水资源、水安全等方面的定量化改善效果的目的，开发了遂宁市海绵城市一

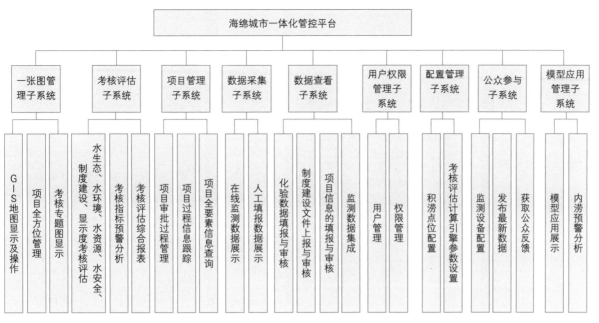

图3-25　一体化管控平台功能模块

体化管控平台，通过在线监测、定期填报、系统集成等手段，集成基础地形、在线监测、定期检测、项目填报、指标计算等多源、多格式、多类型数据，实现海绵城市建设6个方面、18项指标考核评估结果的可视化、全方位展示，为海绵城市建设考核与评估提供依据，全面提升海绵城市的运营管理、规划决策和建设维护等环节水平，为海绵城市建设的有效实施提供现代数字化管理手段。

遂宁市海绵城市一体化管控平台系统，主要包括一张图管理子系统、考核评估子系统、项目管理子系统、数据采集子系统、数据查看子系统、用户权限管理子系统、配置管理子系统、公众参与子系统、模型应用管理子系统9个功能模块（图3-25）。

4．数据收集

海绵城市建设成效考核评估，需要大量的监测数据作为科学支撑。遂宁市通过建立覆盖全示范区的在线监测网络及大量的人工采样检测工作的开展，实现对海绵城市建设全方位的数据信息的收集与把握。管控平台内通过人工数据的填报和在线监测数据的集成，进行监测检测数据的收集，从而支撑海绵城市建设绩效评价与考核指标的计算。主要包括各项指标需要的水质化验数据的填报和审核、项目信息的填报和审核、制度建设文件上报及审核和监测数据集成等（图3-26、图3-27）。

数据采集功能模块架构设计图如图3-28所示。

5．协作机制

为了保证海绵城市建设"信息共享，协同办公"的目标，遂宁市在系统建设的各个阶段，都充分考虑到一体化管控平台系统的向前可扩展性，使整个系统成为一个有机的整体，避免出现"信息孤岛"。

遂宁市为促进全民共建海绵城市步伐，在监测平台内设置多个独立的功能账号，实行分部门分领域责任制。示范区内的市本级、船山区、国开区、河东新区，以及示范区外的大英、蓬溪、射洪、安居8个区县的住建局、环保局、规划局、国土局、水务公司、污水处理厂等各部门及单位协同合作，从城市规划建设、财政审

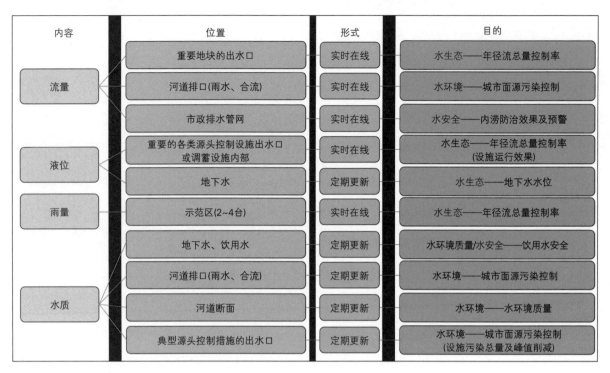

图3-26 监测及检测数据内容

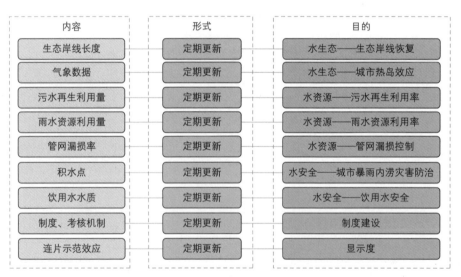

图3-27 统计数据内容

批运维、项目全过程审批、建设成效控制等各环节入手，共同对海绵城市建设项目的全过程信息资料进行更新填报，从而对项目建设进行全方位的把控。平台内各部门之间，可实时调用查看相关数据，有效提高海绵城市管理与考核评估的安全可靠性和突然事件处理能力。

3.6.2 平台运维：多功能模块化科学监测运行

1．功能运行

1）一张图管理子系统功能（图3-29）

遂宁市将海绵城市一张图管理子系统作为海绵城市目标、建设、考核的可视化

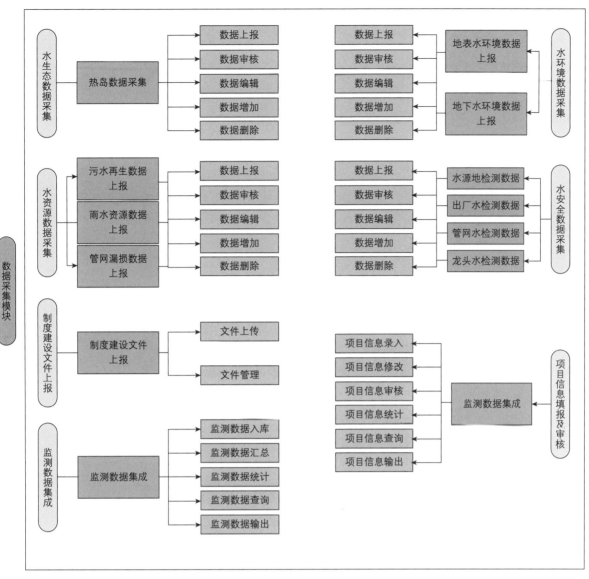

图3-28 数据采集功能框架

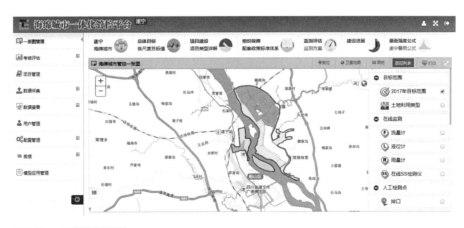

图3-29 一张图管理子系统

窗口,提供了整个遂宁市海绵城市的地块规划图、项目考核图、监测信息图和考核指标图。共包括三个模块,分别为GIS地图显示及操作、项目全方位管理、考核专题图显示。通过该子系统可以直观地了解海绵城市规划建设目标、监测手段和成效、项目建设进展及分布等信息。

2）考核评估子系统功能（图3-30）

考核评估功能模块综合运用在线监测数据、填报数据、系统集成数据，逐项细化分解考核指标，建立考核评估指标体系，支持遂宁市海绵城市建设效果6个方面、17项指标的全方位、可视化、精细化评估，评估遂宁海绵城市建设对城市水系统的影响与改善效果，实现海绵建设效果（各项指标）的逐级追溯、实时更新，通过多种展示方式进行考核评估指标的综合展示、对比分析等。预留接口，支持与部级平台考核结果的无缝对接。

3）项目管理子系统功能（图3-31）

项目管理功能模块包括项目审批及项目列表展示两个部分。项目审批形成了遂宁市典型的项目审批流程，从项目规划、项目选址、项目立项、规划许可、用地许可、工程许可、施工许可、竣工验收8个阶段，根据不同单位职能、职责和管辖范围，在管控平台内组织上传工程项目各阶段性审批支撑材料，形成规范的项目审批流程。项目列表提供海绵城市建设中开发建设项目的基本信息、设施建设信息、项目维护信息、项目效果评估等信息的统一管理，汇集遂宁海绵城市建设示范区内共计346个建设项目以及示范区外的新增工程建设项目的全过程、全要素的信息资料，支持项目分阶段管理，根据项目所处阶段对项目进行分类管理和显示；支持对项目进行全过程的信息跟踪及信息的管理。通过该子系统，管理人员可对项目实施的整体情况、项目效果、实施人员的工作情况和项目的审批进展进行有效管理，进

图3-30　考核评估子系统

图3-31　项目管理子系统

而对海绵城市建设各类设施的运行维护与优化改造提供指导作用。

4）数据采集子系统功能（图3-32）

数据采集子系统的重要作用在于实现对考核评估所需数据的一体化信息管理，为考核评估提供数据支撑。主要包括化验数据填报与审核、项目信息的填报与审核、监测数据集成以及政策文件管理等内容。主要功能是采集海绵城市全过程全方位的数据信息，形成最为详尽的遂宁市城市环境的大数据库。

5）数据查看子系统功能（图3-33）

数据查看子系统作为海绵城市建设过程中在线监测数据和人工填报监测数据的可视化窗口，可以提供海绵城市各监测点的运行、管理现状、水文信息数据。"源头—过程—终端"的在线监测数据为逐级追溯、动态更新的考核指标计算提供依据。同时，全过程的监测、采样数据记录和反馈可以使建设过程考核目标能够更加直观和可视化，该子系统从在线监测数据展示和人工填报数据展示两个方面对遂宁海绵城市建设过程信息进行分类展示。

6）用户权限管理子系统（图3-34）

用户权限管理子系统主要负责对软件的用户、角色权限等进行统一管理，包括用户管理、权限管理2个模块。通过不同权限的分工设置，建立遂宁市政府不同单位之间协同合作、各司其职、各尽其责、功能权限互不影响的平台基础，但信息资源又能实现相辅相成，有利于建立良好的协作机制。

图3-32 数据采集子系统

图3-33 数据查看子系统

图3-34 用户管理子系统

图3-35 配置管理子系统

7）配置管理子系统（图3-35）

配置管理子系统的功能主要为实现对系统运行参数的设置管理，为各种参数提供统一的设置环境，能够保证系统运行的安全性和流畅性。该系统包括积涝点位配置、计算引擎参数设置和监测设备配置三个功能模块，旨在提升平台的智慧性与科学性，为遂宁海绵城市的建设成效评估提供科学支撑。

8）公众参与子系统

公众参与子系统的作用主要体现在两个方面：一方面，发布与更新海绵城市建设考核最新数据，让公众实时了解海绵城市建设动态；另一方面，支持公众就海绵城市建设与考评情况进行建议与投诉，公众可就水环境、水安全等问题通过微信公众号进行投诉，并为海绵城市建设工作更好地开展献言献策。该子系统获取公众对于海绵城市建设情况的反馈，了解市民对海绵城市建设的认知及诉求，明确海绵城市建设中公众最为关注和亟待解决的问题，让公众参与到海绵城市建设工作中，作为遂宁市海绵城市规划和建设的重要参考。

9）模型管理子系统（图3-36）

模型管理子系统的功能在于实现对内涝、排水等模型的相关信息的汇总展示及管理，平台内集成遂宁市所建立的排水模型的模拟结果，充分考虑到海绵城市的独特性与典型性，分析展示不同降雨情景下的管网排水能力及积水淹没的区域信息等，实现基于模型方法对规划设计、监测、维护等过程手段的指导及校核。

图3-36　模型管理子系统

2．平台动态维护

1）平台维护

系统维护从两方面进行：一方面，系统使用单位配置专业的软件日常维护人员，对软件的常见错误及操作问题进行及时处理和更新；另一方面，系统开发单位建立专门的技术支持服务队伍，专职负责对系统的服务响应，保证系统的正常使用，提高系统的可靠性和持续不间断服务。

2）资料更新

遂宁市的做法是组织专人专区维护更新建设资料，对各建设分区进行平台使用与运维的培训，实行分区责任制。对于在线监测数据，系统自动地实时更新，对于人工填报收集和获取的项目建设的规划、建设、运营全过程信息以及设施空间、属性与维护信息数据定期更新，以保证数据准确反映项目规划、建设和运营的实际情况，构建完整的海绵城市运行管理数据库。

3.6.3　平台应用：多平台网络化实现数据共享

1．成果展示

遂宁市海绵城市一体化管控平台对遂宁市海绵城市建设的全过程多方位的信息进行汇总展示，从项目建设前期的规划设计、制度建设等过程文件资料、排水模型的模拟分析展示、项目建设全过程的进度记录、建设期间的全过程在线监测，到后期考核评估相应分析结果展示，通过大量完备的数据、资料、模型方法等来检验校核海绵城市建设的成效，作为指导完善建设方案、过程运维把控、成效集中展示的有力技术支撑。在作为遂宁市海绵城市建设的过程管理手段的同时，也用于遂宁海绵城市建设成效的集中展示，可为其他城市、地区开展海绵城市建设提供参考经验。

2．决策支持

遂宁市海绵城市一体化管控平台通过对大量科学有效的监测数据分析，对遂宁市海绵城市建设项目的全过程进行把控，将长期的监测成果体现到新建项目的立项、规划设计、施工等全方位过程中，对建设过程中的系列决策提供科学支撑。同时，在遂宁海绵城市项目建设期间，监测过程中发现的问题能及时反馈至项目制度及关键性决策上，及时解决问题，调整方向，有助于海绵城市建设进度和成效的更好推进与体现。

3．行政管理

遂宁市海绵城市一体化管控平台内集成了遂宁市海绵城市建设试点346个项目的全过程资料，包括建设用地规划、土地出让、建设工程规划、施工图设计审查以及建设项目立项、初步设计、施工许可、施工图纸、竣工验收备案等管理环节，便于遂宁市政府对项目进行直接的过程把控、行政管理及审批。通过平台操作，加强对海绵城市的构建及相关目标落实情况的审查，并且严格按照规划设计文件对海绵城市建设工程的规模、竖向、平面布局等进行控制，大大增加了海绵城市工程项目行政管理的有效性和规范性。

4．监测预警

遂宁市海绵城市一体化管控平台还实现了对遂宁市海绵城市建设从源头到终端进行监测预警的功能。一方面，平台从源头进行内涝预警预报，覆盖海绵城市示范区的监测网络能实时反映排水现状，及时反映内涝预警，便于及时处理；另一方面，平台对源头数据的分析，反映至海绵城市建设过程中的建设与考核指标，通过对海绵城市建设进度以及考核指标实际值与目标值间的差异进行分析判断，对海绵城市建设与考核指标可能出现或已经出现的进度滞后情况进行预警，为决策者提供及时准确的预警信息，以便及早进行调整和纠偏。

5．平台互联

遂宁市海绵城市一体化管控平台采用开放的系统架构和组件化的设计思想，使系统能够兼容已有系统。同时兼顾将来的系统建设，城市其他智慧平台系统可与该平台集成。

具体而言，平台内汇集的大量监测数据可作为城市相应智慧平台建设的数据基础，平台已预留信息对接端口，可实现与城市其他智慧平台的融合衔接。平台内收集的大量内涝点液位监测数据及降雨监测数据可与气象局监测数据建立相关性方程，便于建立内涝预警模型，同时内涝预警平台建立完成后，可接入平台，实现城市降水及内涝风险控制预警的双重展示。平台内收集的长期的水环境监测数据可与遂宁市环保局实现共享，作为遂宁市水环境改善的数据支撑。后期随着城市各大智慧平台系统的建成，平台能够与城市智慧平台、政务系统实现良好的有机结合，实现数据、信息资源的共享，进一步推动城市的智慧化、科学化发展建设。

6．对外窗口展示

遂宁市海绵城市一体化管控平台集成展示了遂宁市海绵城市综合建设成效及建设经验，汇总了自海绵城市建设以来的重要成果资料与建设进程，直观反映了遂宁市海绵城市在施工建设、制度建设、监测网络构建、综合评估体系、项目审批管理等方面的经验成果，是遂宁市海绵城市建设的重要展示窗口。

在遂宁市海绵城市建设过程中，为更好地推广海绵城市建设特色与吸取其他优秀试点城市的建设经验，数次接待外地城市的考察参观，通过交流学习，探索更符合遂宁特色又切实可行的建设管理手段。平台多次作为对外展示窗口，生动直观地向领导、专家及考察人员展示了遂宁市海绵城市的建设成效及过程经验，将复杂的

图3-37　迎接考察团管控平台展示

专业化的评估指标以生动形象的形式展示，对系统化的结论进行详细的剖析，实现了遂宁市海绵城市建设体系的立体化展示，更好地促进了海绵城市试点建设经验做法的推广与交流（图3-37）。

7. 实现全民共建

遂宁市海绵城市一体化管控平台设置的集成公众意见反馈模块，实现了群众通过关注公众号就能及时关注全市海绵城市建设情况，不仅有利于他们了解和学习海绵城市建设理念，而且平台设置的群众反馈功能，他们可以通过公众号或拨打公众服务电话咨询海绵城市建设相关的计划及进展，对海绵城市建设过程中出现的问题进行反馈，实现全民参与和全民监管，便于相关部门及时发现和处理问题，更好地推进海绵城市的建设与完善。

一方面，公众参与系统发布与更新海绵城市建设考核最新数据，让公众实时了解海绵城市建设动态；另一方面，获取公众对于海绵城市建设情况的反馈，了解市民对海绵城市建设的认知及诉求，明确海绵城市建设中公众最为关注和亟待解决的问题，作为遂宁海绵城市规划和建设的重要参考。有效实现了政府与公众的互动，加深公众对海绵城市的认识、理解和支持，培育公众的参与意识，动员全民参与，努力营造全社会积极推进海绵城市建设的良好氛围。

8. 信息共享与平台拓展

遂宁市建设了一套完整的海绵城市监测网络，掌握了源头设施、项目出口、关键管网节点、排口、河道水系、片区雨量、温度等全方位的大量的监测数据，在作为海绵城市考核评估的数据支撑之外，还可通过数据的共享，实现大数据的充分利用。在海绵城市建设过程中，通过与水务、环保、气象、项目公司等部门及单位的数据共享，在城市黑臭水体整治、城市水环境治理等工作中发挥了重要的科学支撑作用。

与此同时，遂宁市海绵城市建设一体化管控平台的数据服务采用Web Service

技术来实现。Web Service是一种构建开放的分布式应用程序的模型,可以实现基于Web的发布、发现和调用。Web Services在现有的各种异构平台的基础上构筑一个通用的平台无关、语言无关的技术层,各种不同平台上的应用依靠这个技术层来实施彼此的连接和集成。在任何平台上开发Web服务,用户和其他应用只要遵循Web服务标准,就可以对这些服务进行访问和集成。因此一体化管控平台可融入其他智慧系统,各平台之间实现信息共享,真正实现遂宁市海绵城市建设的智慧化与全域化。

第 4 章

试点项目建设
与成效分析

试点项目建设情况

　　遂宁市结合现状内涝区分布、城建现状和开发计划，划定了海绵城市建设试点区（面积25.8km²），安排了7大类346个海绵城市建设试点项目。截至目前，累计完工试点项目329个，占三年实施计划的95.09%；在建项目37个，占三年实施计划的4.91%。试点项目累计完成投资56.1亿元，占同期计划投资的95.5%（表4-1）。

各分区项目数量与投资情况　　　　　　　　　　　　　　　　　　　　　　表4-1

分区名称	项目数量（个）	已完成投资（万元）
明月河汇水分区	40	42023.06
涪江右岸汇水分区	23	51462
圣莲岛汇水分区	1	19580.81
涪江左岸汇水分区	77	103739.21
联盟河右岸汇水分区	91	83993.48
联盟河左岸汇水分区	7	34622.74
东湖清汤湖汇水分区	88	179305.86
内涝改造、供水保障及能力建设	19	46272.66
合计	346	560999.82

　　试点区域年径流总量控制率达到75%。根据海绵城市专项规划，明月河、涪江右岸、涪江左岸、圣莲岛、联盟河右岸、联盟河左岸、东湖水系等7个汇水分区年径流总量控制率目标分别为60%、65%、80%、75%、73%、75%、82%。截至目前，7个汇水分区已全面达标，项目基本完工（表4-2）。经海绵信息化平台监测，试点区域年径流总量控制率达到78.4%，7个汇水分区年径流总量控制率分别达到64.3%、70.2%、84.3%、85.3%、76%、80.3%、85.9%。根据模型校核结果，试点区域年径流总量控制率达到77.5%，7个汇水分区年径流总量控制率分别达到60.7%、65.8%、80.4%、75.3%、73.2%、75.1%、82.1%（表4-3）。

各分区分类项目完成情况　　　　　　　　　　　　　　　　　　　　　　表4-2

分区名称	明月河汇水分区	涪江右岸汇水分区	圣莲岛汇水分区	涪江左岸汇水分区	联盟河右岸汇水分区	联盟河左岸汇水分区	东湖清汤湖汇水分区	内涝改造、供水保障及能力建设	总计（项）
排水分区个数	5	6	1	7	3	4	9	—	35

分区名称	明月河汇水分区	涪江右岸汇水分区	圣莲岛汇水分区	涪江左岸汇水分区	联盟河右岸汇水分区	联盟河左岸汇水分区	东湖清汤湖汇水分区	内涝改造、供水保障及能力建设	总计（项）
源头海绵设施类	35	20	0	69	80	4	60	0	268
排水设施类（项）	0	1	0	1	0	1	1	17	21
生态修复类及公园湿地类（项）	5	2	1	7	11	2	27	0	55
能力建设类（项）	0	0	0	0	0	0	0	1	1
供水保障类（项）	0	0	0	0	0	0	0	1	1
合计（项）	40	23	1	77	91	7	88	19	346
总投资（万元）	42023.06	51462	19580.81	103739	83993.48	34622.74	179305.86	46272.66	560999.82

各汇水分区年径流控制率目标及模型评估、监测结果　　　　　　　　表4-3

汇水分区	目标控制率	监测结果	模型评估结果
明月河	60%	64.3%	60.7%
涪江右岸	65%	70.2%	65.8%
涪江左岸	80%	84.3%	80.4%
圣莲岛	75%	85.3%	75.3%
联盟河右岸	73%	76%	73.2%
联盟河左岸	75%	80.3%	75.1%
东湖水系	82%	85.9%	82.1%
合计	75%	78.4%	77.5%

　　截至目前，遂宁海绵城市建设试点区域内的内涝点全部消除。经模型校核，各内涝点内涝防治标准达到了30年一遇。试点区域内的明月河、联盟河等黑臭水体，已消除黑臭。

4.2
建设成效分析

目前，遂宁市海绵城市建设试点完工面积指标已经完成（表4-4），包括年径流总量控制率在内的水生态、水环境、水资源、水安全等指标已经达到试点目标要求，试点项目完工数量及完成投资基本达到试点目标要求，初步形成了一整套具有本地特色的体制机制、管控制度、技术标准以及建设运营模式。

遂宁市海绵城市建设指标完成情况 表4-4

序号	指标类别		实施计划	完成情况
1	试点区	面积	25.8km²	26.1km²
		位置	老城区、河东新区和圣莲岛	已完成
2	建设目标	水生态		
		年径流总量控制率	75%（25.7mm）	77.5%（模型结果）78.4%（监测平台评估）
		生态岸线恢复	100%	100%
		地下水位	维持不变	老城区上升0.54m 圣莲岛上升1.6m 河东新区上升0.7m
		水环境 地表水体水质达标率	100%	100%
		面源污染削减率	45%	47.5%（模型结果）55.4%（监测平台评估）
		水资源 污水再生利用率	20%	21.5%
		雨水资源利用率	2%	2.2%
		水安全 管渠标准	一般地区2~5年，重要地区5~10年	已达标
		防涝标准	有效应对不低于30年一遇的暴雨	有效应对不低于30年一遇的暴雨
		防洪标准	远期涪江按100年一遇标准（近期50年一遇），其余河流20年一遇标准设防	远期涪江按100年一遇标准（近期50年一遇），其余河流20年一遇标准设防
3	建设任务	建设项目	346个	329个
		制度建设	7项	31项
4	经济指标	投资估算	58.3亿元	56.10亿元
		资金筹措	采用PPP模式筹集资金29.2亿元，占总投资的50.1%	采用PPP模式筹集资金69.04亿元

4.2.1 指标完成情况

1. 试点完工面积

遂宁市在海绵城市建设试点期间，除了完成申报的试点区域25.8km²的海绵城市建设任务外，还完成了试点区域外老城区盐关街0.3km²的海绵化改造，完工面积共计26.1km²，这些项目主要分布在老城区、河东新区和圣莲岛。

2. 建设目标

1）水生态

（1）年径流总量控制率：遂宁市海绵城市建设试点区域雨水的年径流总量控制率目标为75%。经海绵监测平台评估，试点区域雨水的年径流总量控制率达到78.4%。根据模型校核结果，试点区域雨水年径流总量控制率达到77.5%。各汇水分区的雨水年径流总量控制率完成情况详见表4-3。

（2）生态岸线恢复：遂宁市海绵城市建设试点区域生态岸线恢复比例目标值为100%。试点区域内岸线总长度40.7km，适宜改造的38.8km（明月河左右岸1.9km不适宜改造，原因是其周围建筑贴近水线，若采取工程措施，将影响房屋安全）。截至目前，通过实施席吴二洲湿地公园、滨江北路水生态环境修复、联盟河水系治理项目、五彩缤纷北路景观带项目、莲里公园等项目建设，采取水生态治理、水环境修复、湿地公园建设、水系绿化等措施，对适宜且有条件改造的岸线进行了生态处理，建成了生态岸线38.8km（表4-5）。通过打造林水相映的生态堤防，成功构建了宜居宜人的生态环境。

遂宁市海绵城市建设试点区岸线生态恢复统计表　　　　　　　　表4-5

序号	岸线名称	长度（km）	备注
1	席吴二洲岸线	3.9	含滨江北路岸线
2	圣莲岛岸线	6	—
3	五彩缤纷路岸线	11	—
4	莲里公园岸线	1.7	—
5	联盟河岸线	14.7	—
6	明月河岸线	1.5	—
	总计	38.8	

（3）地下水位：遂宁市海绵城市建设试点区内地下水位目标是维持不变。经过三年试点建设，试点区内地下水位稳步上升，老城区、圣莲岛和河东新区地下水位现状标高分别比试点前上升了0.54m、1.60m和上升0.70m。

根据试点区2015年实施项目水文勘测数据表，海绵城市建设前（2015年）遂宁老城区、圣莲岛、河东新区地下潜水位分别为272.1m、276.9m、274.0m，地下水埋深分别为5.0m、3.6m、4.3m。

遂宁市从2016年9月开始，对地下水潜水位进行实时在线监测。监测数据表明，遂宁地下水潜水位稳定保持在272~277m之间，建设期内地下水潜水位基本维持不变，受丰水期降雨影响，部分时段潜水位略有上升。老城区、圣莲岛、河东新区2018年地下水潜水位埋深分别为4.46m、2.00m、3.60m，相对试点建设初期2016年分别降低了0.28m、0.04m、0.61m，相对建设前2015年分别降低了0.54m、1.60m、0.70m。试点建设期内地下水潜水位基本维持不变，对比建设前期略有上升，达到海绵城市建设目标要求（表4-6）。

地下水潜水位埋深对比 表4-6

区域	试点建设前	试点建设期		试点建设期埋深变化（m）	试点建设前后埋深变化（m）
	2015年地下水埋深（m）	2016年地下水埋深（m）	2018地下水埋深（m）		
老城区	5.00	4.74	4.46	−0.28	−0.54
圣莲岛	3.60	2.04	2.00	−0.04	−1.60
河东新区	4.30	4.21	3.60	−0.61	−0.70

注：圣莲岛监测点位由于地面标高下降约1m，导致地下水潜水位减小1.6m，地下水位实际升高值为0.6m。

2）水环境

（1）地表水体水质达标率：遂宁市海绵城市建设试点区域内水质监测断面水质达标率目标为100%，涪江、渠河维持Ⅲ类，明月河、联盟河达到Ⅳ类。试点以来，遂宁市按照水污染防治和黑臭水体治理标准，落实双河长制+警长制，层层落实责任，采取控源截污、内源治理、生态修复、活水保质等措施，试点区域内涪江、渠河、明月河、联盟河水质明显改善，达标率为100%。

试点区内断面位于水功能区的仅有涪江断面。市城区涪江上共有2个省控监测断面，分别为米家桥、老池断面。根据监测数据，2015—2018年，米家桥、老池监测断面水质均稳定达到《地表水环境质量》GB 3838—2002Ⅲ类标准。

试点区不在水功能区内的断面为渠河断面、明月河断面、联盟河断面。渠河为涪江右岸支流，是遂宁市集中式饮用水水源地，供城区80多万人日常生产、生活用水。根据监测数据，2015—2018年，渠河水源地水质均稳定达到《地表水环境质量》GB 3838—2002Ⅲ类标准；明月河为涪江右岸支流，发源于开发区西宁乡柴家沟，自西向东流经开发区，于吴家洲汇入涪江。2015年12月，市环保局对明月河水质进行了监测，水质为《地表水环境质量》GB 3838—2002Ⅴ类。2018年5月和7月，分别对明月河进行了水质监测，水质分别为Ⅳ类和Ⅲ类，平均水质为Ⅳ类，与2015年黑臭水体治理前相比，水质有明显改善。联盟河为涪江左岸支流，发源于船山区秀山乡段家湾，南转西流过河沙镇、永兴镇，折南至仁里镇汇入涪江。2015年12月，市环保局对联盟河水质进行了监测，水质为《地表水环境质量》GB 3838—2002Ⅴ类。2018年5月和7月，分别对联盟河进行了水质监测，水质分别为Ⅲ类和Ⅴ类，平均水质为Ⅳ类，与2015年相比，水质有明显改善。

黑臭水体消除。遂宁市海绵城市建设试点前，明月河为黑臭水体，主要指标为透明度见底、溶解氧浓度为1.74mg/L、氧化还原电位为56mV、NH_3-N浓度为10.5mg/L。经整治后，2017年检测数据显示，明月河检测断面透明度为90cm，溶解氧浓度为10.9mg/L，氧化还原电位为98.2mV，NH_3-N浓度为0.35mg/L。对照《城市黑臭水体整治工作指南》黑臭水体分级标准要求，明月河各项水质检测指标均已达标，黑臭现象消除。根据生态环境部办公厅《关于通报黑臭水体整治专项督查有关情况的函》（环办水体函〔2018〕645号），遂宁市"明月河、米家河2个黑臭水体已基本消除"，"未新发现黑臭水体"。

（2）面源污染削减率：遂宁市海绵城市建设试点区域径流污染物削减率目标为45%。通过对遂宁当地典型下垫面地块进行水质采样与化验分析，统计多场次降雨径流水质检测数据，确定屋顶、主要道路、次要道路、绿地、铺装广场等下垫面雨水径流污染本底值浓度，作为下垫面面源污染背景值，为城市面源污染削减率的计算提供依据。模型评估结果显示，河东一期、圣莲岛、河东二期、老城区的雨水径流污染削减率（以SS计）分别为47%、48.3%、48.5%、43.4%，综合径流污染物削减率达到47.5%。海绵监测平台评估显示，雨水径流污染削减率达到54.6%。

3）水资源

遂宁市海绵城市建设试点区雨水资源化利用率目标为2%，污水再生利用率目标为20%。

遂宁市在推进海绵城市试点建设过程中，在老城区多采用钢筋混凝土水池、雨水桶、蓄水模块等技术，在新区则创新出钢带波纹管蓄水带等新技术。试点期间，遂宁新增钢筋混凝土水池、蓄水模块、雨水桶、钢带波纹管蓄水带等雨水回用设施，总容积共计2.97万m³。2017年，海绵城市试点区累计年利用雨水量21.0万m³，雨水替代自来水比例约为2.2%。

遂宁市还通过对河东一期污水处理厂进行提标升级改造，促使其满足《城市污水再生利用　景观环境用水水质》GB/T 18921—2002要求，用于补充改善联盟河水质，以及园林绿化、道路浇洒。2016年、2017年用于改善联盟河水质的中水量分别为93万m³、95万m³。目前，试点区域内人口约12万，污水处理量约为1.2万m³/d，中水回用率为21.5%。

4）水安全

（1）管渠标准：根据模型评估，遂宁市老城区排水管网排水标准进一步提升，管渠标准达到2年一遇，满足3年一遇设计标准的管道比例由10%升至83%。满足5年一遇设计标准的管道比例达到22%。河东新区管渠标准达到2年一遇，3年一遇设计降雨条件下重力流管道比例升高至81%。5年一遇设计降雨条件下重力流管道比例升高至78%。

（2）防涝标准：遂宁市根据各片区上报完工的海绵城市建设工程及排水系统具体数据，采用率定验证后的模型分别模拟老城区、河东一期、圣莲岛、河东二期规划管控区在30年一遇设计降雨下的积水情形，并评估内涝风险。评估结果表明，试点区域原有内涝点（川中大市场、人事局宿舍等）均已消除，满足30年一遇内涝防治标准；河东二期规划管控良好，无内涝风险区域。

（3）防洪标准：遂宁市海绵城市建设试点区域内包括涪江、联盟河、明月河3条河道，四川省水利厅批复涪江右岸防洪标准为50年一遇，涪江左岸、联盟河、明月河防洪标准为20年一遇，目前均已达标（表4-7）。

序号	堤防名称	批复标准	建设标准
1	北固堤	50年一遇	50年一遇
2	明月河堤	50年一遇	50年一遇
3	广济堤	20年一遇	20年一遇
4	东区堤	20年一遇	20年一遇
5	联盟河堤	20年一遇	20年一遇

3．建设任务

遂宁市划定了海绵城市建设试点区，安排了7大类346个项目。截至目前，累计完工试点项目314个，占三年实施计划的90.75%。

遂宁市出台的《遂宁市城市管理条例》，对海绵城市建设要求进行了明确规定："市、县（区）人民政府和市人民政府派出机构应当按照海绵城市专项规划和海绵城市建设规范的要求，统筹推进新老城区海绵城市建设和管理，加强公园绿地建设，修复城市水生态、涵养水资源，保护和改善城市生态环境。"同时发布了组织机制保障、投融资政策及资金使用管理、规划建设管控、绩效考核、配套办法等5大类共30个规范性文件，详见表3-3。

4．经济指标

遂宁市海绵城市建设计划完成投资58.28亿元，目前已完成投资55.66亿元，占计划完成投资95.5%。全市2016年、2017年的部分试点项目及相关市政基础建设整合为5个PPP项目包，总投资约为69.04亿元。

4.2.2　模型评估达标

遂宁市根据试点区海绵城市建设工程信息与排水系统信息，建立了包括雨水管网、合流管网、海绵设施和集水区等设施的老城区模型与河东新区模型，利用各监测站点实测的雨量、水位、流速等数据进行了模型参数率定和验证，模型精度满足Nash-Sutcliffe效率系数大于0.5要求。利用率定验证后的模型评估了试点区海绵城市建设后的重要指标达标情况，主要包括：

1．年径流总量控制率达到77.5%，超过试点承诺指标75%

遂宁市利用率定后的模型，模拟各片区上报完工的海绵工程及排水系统在典型年（2007年）5min降雨和日蒸发量情景下的产汇流数据，计算各片区年径流总量控制率。

根据海绵城市建设专项规划，试点区划分了7个汇水分区，包括明月河、涪江右岸、涪江左岸、圣莲岛、联盟河右岸、联盟河左岸、东湖水系（图4-1）。

遂宁市利用模型结果计算各汇水分区的年径流总量控制率。对比海绵城市建设专项规划径流总量控制率目标，试点区7个汇水分区径流总量控制率全部达标，综合径流总量控制率超过75%的目标（表4-8、图4-2）。

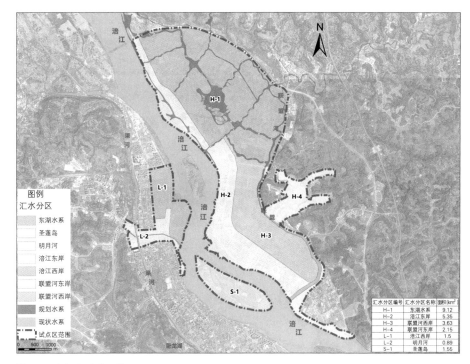

图4-1　试点区汇水分区图

试点区年径流总量控制率模拟统计表　　　　　　　　　　　　　　　　　　　　　　表4-8

汇水分区	年径流总量控制率模拟	年径流总量控制率目标	达标情况
东湖水系	82.1%	82%	达标
涪江左岸	80.4%	80%	达标
涪江右岸	65.8%	65%	达标
联盟河左岸	75.1%	75%	达标
联盟河右岸	73.2%	73%	达标
明月河	60.7%	60%	达标
圣莲岛	75.3%	75%	达标

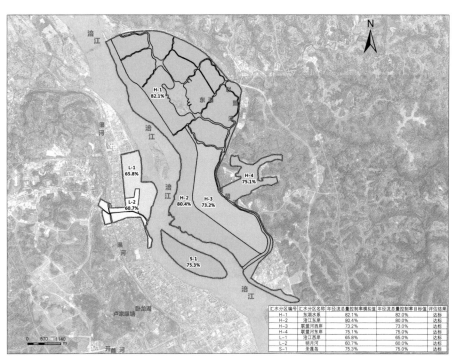

图4-2　试点区不同汇水分区海绵建设后径流总量控制率模拟评估图

2．雨水径流污染削减率达到47.5%，超过试点承诺指标45%

遂宁市利用率定后的模型，评估各片区海绵城市建设前后径流污染削减率。模拟结果显示，河东一期、圣莲岛和河东二期的雨水径流污染削减率（以SS计）分别为47%，48.3%，48.5%（图4-3、表4-9）。老旧城区径流污染削减率略低，为43.4%。综合四个片区径流污染控制效果，试点区整体达到《遂宁市海绵城市建设专项规划（2015—2030）》提出的径流污削减率45%（以SS计）的控制目标。

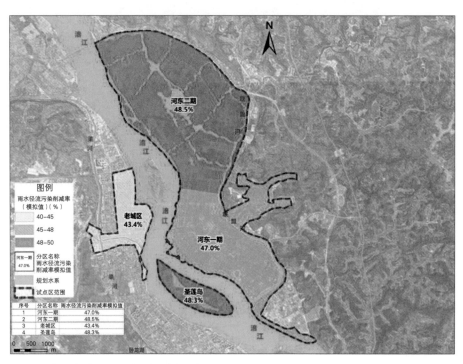

图4-3　试点区海绵建设后径流污染削减率评估图

不同片区海绵改造前后在典型年（2007年）降雨模拟下的SS统计表　　　　表4-9

	海绵建设前SS出流量（t/a）	海绵建设后SS出流量（t/a）	SS削减率
老城区	172.9	98.1	43.4%
河东一期	812.3	430.4	47.0%
圣莲岛	76.1	39.4	48.3%
河东二期规划待建	1199.1	618.1	48.5%

3．试点区防涝标准达到30年，内涝点消除

遂宁市根据海绵城市建设试点区域的土壤特征、管网、地形、下垫面等实际情况，采用Infoworks ICM模型软件，分别建立了老旧城区、河东一期及圣莲岛、河东二期规划管控区的水文水动力—二维耦合模型，进行内涝风险评估（图4-4）。

模型评估结果表明：老城区、河东一期与圣莲岛在海绵城市建设后，区域防涝标准达到30年一遇，原有川中大市场、船山区人事局宿舍等积涝点均已消除。河东二期规划管控良好，无内涝风险区域。

4．合流制管渠溢流频次及溢流量降低

遂宁市开展海绵城市建设后，老城试点区通过增加海绵设施、雨污水管网改造等工程，有效减少了合流制系统的溢流污染。2007年的全年5min降雨下的连续模拟结果表明：凯丽滨江污水泵站溢流口的溢流次数和溢流量分别减少81.0%和56.3%（表4-10）。

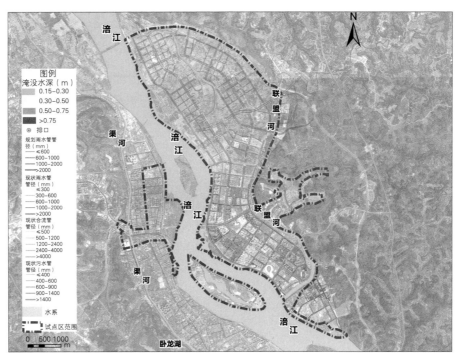

图4-4 试点区海绵建设后内涝风险图（30年一遇24h设计降雨）

典型年降雨条件下老城区合流制管渠溢流控制评估表 表4-10

名称	海绵建设前		海绵建设后		对比	
	溢流次数	溢流总量（万m³）	溢流次数	溢流总量（万m³）	溢流次数降低率	溢流总量削减率
凯丽滨江污水泵站前池溢流口	21	24.06	4	10.51	81.0%	56.3%

凯丽滨江泵站服务范围有近50%的面积位于海绵城市建设试点区以外，可结合老城改造加大试点区以外的海绵城市建设，进一步削减两个泵站的溢流量和溢流频次。

4.2.3 实际监测达标

1．年径流总量控制率达到78.4%，超过试点承诺指标75%

根据《遂宁市海绵城市建设专项规划（2015—2030）》，遂宁市海绵城市建设试点区域年径流总量控制率目标为75%。根据排水管网布置、水系与规划用地布局，遂宁市海绵城市建设试点范围划分为7个汇水分区：明月河、涪江右岸、涪江左岸、圣莲岛、联盟河右岸、联盟河左岸、东湖水系。7个汇水分区年径流总量控制率目标分别为60%、60%、80%、75%、73%、75%、82%。截至目前，7个汇水分区已基本建设完工。

通过在各汇水分区的排水口设置流量监测点在线采集实时流量数据，结合试点区雨量计收集的实时降雨数据，计算各排水分区的年径流总量控制率。计算公式如下：

$$\alpha = \frac{10 \times \sum_{i=0}^{n} R_i \cdot A - \sum_{\substack{0 \leqslant i \leqslant n \\ 0 < j < m}} Q(i,j)}{10 \times \sum_{i=0}^{n} R_i \cdot A} \times 100\%$$

式中　　α——片区年径流总量控制率；

R_i——评估期内第i时间段内的降雨监测量（mm）；

A——片区对应的汇水区面积（hm^2）；

$Q(i, j)$——评估期内第i时间段内第j个排口流量监测点的流量累计量（m^3）；

n——评估期内监测数据个数；

m——评估期内第i时刻的降雨监测量（mm）。

按照上述公式，根据各排水片区产汇流关系，在各汇水分区的排水口设置流量监测点，根据各片区内的降雨数据，分片区计算年径流总量控制率，基于排口的动态流量在线监测数据开展阶段性的指标评估工作。各汇水分区内的监测评估年径流总量控制率统计如表4-11所示。

试点区年径流总量控制率监测评估统计表　　　　　　　　　　　　　　　　　表4-11

汇水分区	目标控制率	监测时间	降雨量（mm）	累积出流量（m³）	汇水面积（hm²）	径流控制率	达标情况
明月河	60%	2016-10-01～2018-09-30	1717.8	453454.6	89	64.3%	达标
涪江左岸	80%	2016-10-01～2018-09-30	1536	915474.6	535	84.3%	达标
涪江右岸	60%	2016-10-01～2018-09-30	1717.8	547953.2	150	70.2%	达标
圣莲岛	75%	2016-10-01～2018-09-30	1531.8	65785.15	155	85.3%	达标
联盟河右岸	73%	2016-10-01～2018-09-30	1363.4	1291826.2	363	76.0%	达标
联盟河左岸	75%	2016-10-01～2018-09-30	763.8	43127.34	215	80.3%	达标
东湖水系	82%	2016-10-01～2018-09-30	1370	149335.94	912	85.9%	达标

经监测，遂宁市海绵城市建设试点区域年径流总量控制率达到78.4%，7个汇水分区年径流总量控制率分别达到64.3%、84.3%、70.2%、85.3%、76.0%、80.3%、85.9%。结果表明，各个汇水分区取得的建设成效均达到了海绵城市建设的目标要求。

2．雨水径流污染削减率达到54.6%，超过试点承诺指标45%

遂宁市通过对当地典型下垫面地块进行水质采样与化验分析，统计多场次降雨径流水质检测数据确定下垫面雨水径流污染本底值浓度，作为下垫面面源污染背景值，为城市面源污染削减率的计算提供依据。典型下垫面包括七种类型：①低层屋面；②高层屋面；③道路主干道；④道路次干道；⑤广场；⑥停车场；⑦绿地。通过对示范区内7类典型下垫面开展的4场有效降雨采样的背景监测，获取示范区的背景浓度（表4-12）。

遂宁各下垫面主要污染物浓度　　　　　　　　　　　　　　　　　　　　　　表4-12

下垫面类型	COD（mg/L）	SS（mg/L）	NH$_3$-N（mg/L）	TP（mg/L）	TN（mg/L）
屋顶	50	158.9	3.16	0.295	3.90
小区道路	62	345.1	2.53	0.247	4.86

下垫面类型	COD（mg/L）	SS（mg/L）	NH₃-N（mg/L）	TP（mg/L）	TN（mg/L）
市政道路	73	409.8	2.83	0.211	4.45
铺装广场	103	239.2	9.01	0.741	11.65
绿化	116	245.9	2.96	0.579	5.21

根据各排水片区产汇流关系，在各汇水分区的排水口设置悬浮物浓度在线监测点，根据各片区内的降雨监测数据、下垫面径流污染物浓度检测以及各汇水分区的下垫面类型分布情况，分片区计算城市面源主要污染物（以悬浮物浓度计）削减控制率，计算公式如下：

SS削减率=（本底负荷-现状负荷）/本底负荷×100%；

本底负荷=本底平均浓度×本年出流量；

现状负荷=现年平均浓度×现年出流量；

本年平均浓度=∑（各类型下垫面SS浓度×下垫面面积占比）×100%

本年出流量=年降雨量×示范区面积×综合径流系数

现年平均浓度=∑（各个排水口多场降雨的总负荷）/∑（各个排水口口多场降雨的总流量）

基于排口的动态悬浮物浓度在线监测数据开展指标评估，各汇水分区内的排口悬浮物浓度监测仪安装时间基本都为2016年下半年。根据各分区在监测周期内的累积悬浮物总量，结合上述计算公式，各汇水分区的径流污染（SS）削减率计算结果如表4-13所示。

试点区径流污染削减率评估统计表　　　　　　　　　　　　　　　　　　表4-13

汇水分区	监测时间	降雨量 （mm）	排口总悬浮物 （kg）	下垫面总悬浮物 （kg）	径流污染SS 削减率
明月河	2016-10-01～2018-09-30	1717.8	151042.44	289166.76	47.8%
涪江左岸	2016-10-01～2018-09-30	1536	621180.33	1422211.31	56.3%
涪江右岸	2016-10-01～2018-09-30	1717.8	251398.36	497741.78	49.5%
圣莲岛	2016-10-01～2018-09-30	1531.8	156231.95	359497.85	56.5%
联盟河右岸	2016-10-01～2018-09-30	1363.4	412727.60	894892.28	53.9%
联盟河左岸	2016-10-01～2018-09-30	763.8	125023.58	285856.62	56.3%
东湖水系	2016-10-01～2018-09-30	1370	1093543.25	2451009.50	55.4%

经监测，遂宁市海绵城市建设试点区域径流污染削减率达到54.6%，7个汇水分区年径流总量控制率分别达到47.8%、56.3%、49.5%、56.5%、53.9%、56.3%、55.4%。结果表明，各个汇水分区的建设成效均达到海绵城市建设的目标要求。

4.2.4　带动试点区外海绵建设

遂宁市在海绵城市试点建设期间，除完成申报的25.8km²试点区建设外，还通过试点打样，在试点区外完成或启动约2.3km²海绵城市建设任务，包括仁里场镇、镇江寺片区、盐关街片区、西山路片区及火车站明月路片区（图4-5）。实施内容主要为老旧城区海绵化改造，结合既有项目实施，既节省资金，又实现了海绵城市的建设效果。

图4-5 试点区外实施海绵城市建设区域

4.3

综合效益初步显现

4.3.1　生态效益：城市更美丽、环境更舒适

1．明月河黑臭现象基本消除，联盟河水环境治理成效显著

遂宁市开展海绵城市建设试点前，明月河为黑臭水体，主要超标指标为氧化还原电位及NH_3-N。借助海绵城市建设试点之机整治后，2018年以来，明月河水质得到明显改善，NH_3-N等主要污染物浓度呈现稳定下降趋势。2018年9月份检测数据显示，明月河检测断面透明度为30cm、溶解氧浓度为每升3.76mg、氧化还原电位为196.1mV、NH_3-N浓度为每升0.904mg（图4-6）。对照《城市黑臭水体整治工作指南》黑臭水体分级标准要求，明月河各项水质检测指标均已达标，黑臭现象得以消除。7月26日，生态环境部举办例行新闻发布会，介绍了2018年黑臭水体整治环境保护专项行动总体情况，公布了第一批和第二批46个城市的督查结果，遂宁黑臭水体消除比例为100%，成为全国无黑臭水体城市之一。

2016年3月，联盟河上游溶解氧、NH_3-N、TP分别为0.3mg/L、21.4mg/L、3.93mg/L，下游上述三项指标分别为3.8mg/L、5.56mg/L、0.58mg/L。2017年同期上游溶解氧、NH_3-N、TP浓度分别为3.42mg/L、18.4mg/L、2.49mg/L，下游上述三项指标分别为5.3mg/L、2.13mg/L、0.23mg/L。2018年同期联盟河上游溶解氧、NH_3-N、TP分别为4.01mg/L、0.778mg/L、0.520mg/L，下游上述三项指标分别为4.58mg/L、

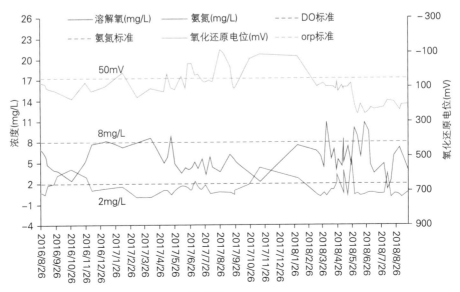

图4-6　2016年8月—2018年9月明月河水质变化趋势

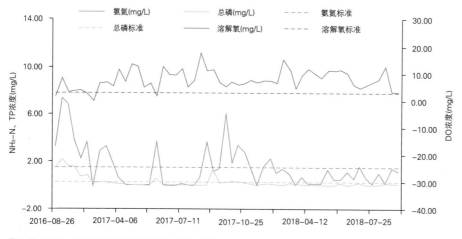

图4-7 2016—2018年联盟河上游断面水质变化情况

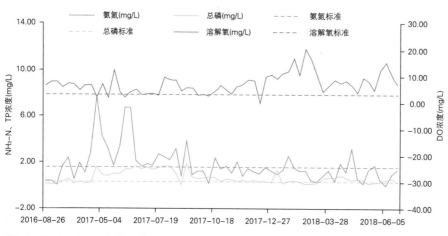

图4-8 2016—2018年联盟河下游断面水质变化情况

0.067mg/L、0.107mg/L。联盟河地表水关键断面水质检测数据（图4-7、图4-8）显示，在试点建设初期，联盟河水系的水质较差，NH₃-N、TP等污染物浓度超标严重，随着试点区域建设完成，联盟河上、下游断面水质均有所改善，联盟河主要污染物浓度呈现稳定下降趋势，且下游断面水质优于上游断面水质，河道水环境质量提升显著。

2．排水防涝标准提高，城市内涝消除

遂宁市针对17处易涝点的内涝成因，坚持"源头减排—客水截留—末端强排"的总体思路，在充分分析内涝成因的基础之上，实施一点一策，统筹运用客水截留、雨污分流、末端强排等措施，从根本上解决了城市内涝问题。内涝点整治项目经受住了2016年以来多次强降雨的检验（表4-14）。

遂宁市内涝点治理前后对比 表4-14

序号	内涝点位置	改造前		竣工时间	改造后	
		最大内涝面积（hm²）	最大积水深度（cm）		经历最大降雨（24h计）	最大积水深度（cm）
1	船山区人事局	11	30	2017	136.4mm	—
2	政协宿舍	11	25	2017	136.4mm	20.2
3	凯南一二港片区	9	30	2017	136.4mm	—

序号	内涝点位置	改造前		竣工时间	改造后	
		最大内涝面积（hm²）	最大积水深度（cm）		经历最大降雨（24h计）	最大积水深度（cm）
4	川中大市场	13	50	2016	136.4mm	0
5	盐关东街片区	21	30	2017	136.4mm	0
6	马房街片区	9	50	2015	136.4mm	—
7	天宫南路	108	80	2017	136.4mm	11.4
8	明霞中路	37	35	2017	136.4mm	—
9	天宫路	19	50	2017	136.4mm	—
10	育才东路	15	35	2017	136.4mm	—
11	凯旋下路	8	30	2017	136.4mm	—
12	平安港片区	6	30	2017	136.4mm	—
13	明霞西路片区	10	30	2015	136.4mm	—
14	介福东路原造纸厂宿舍片区	46	25	2017	136.4mm	0
15	和平路狮子楼片区	4	45	2017	136.4mm	—
16	复丰巷片区	4	50	2015	136.4mm	23.3
17	城河南巷片区	17	35	2017	136.4mm	—

以示范区内川中大市场内涝点为例，该易涝点液位监测点位于检查井底，2018年7月3日遭遇最大暴雨，日降雨量达到136.4mm，实时监测数据显示，监测点最大液位监测值在0.6m以下，未发生液位高于井深产生溢流的现象，检查井液位计监测数据始终未超过警戒线（图4-9）。

3．中水回用和雨水利用并举，节约传统水资源

1）中水回用利用率达到20%要求

遂宁市通过对河东一期污水处理厂进行提标升级改造，出水水质达到回用要求。2016年、2017年用于改善联盟河水质的中水量分别为93万m³、95万m³。目前，试点区域内人口约12万，污水处理量约为1.2万m³/d，中水回用率为21.5%。

2）雨水资源化利用率达到2%要求

遂宁市结合自身特点，在老城区多采用钢筋混凝土水池、雨水桶、蓄水模块等技术，在新区则创新出钢带波纹管蓄水带等新技术。试点期间，新增钢筋混凝土水池、蓄水模块、雨水桶、钢带波纹管蓄水带等雨水回用设施，总容积共计2.97

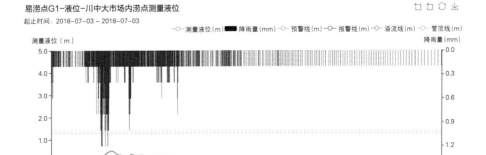

图4-9 川中大市场内涝点最大降雨日液位监测数据

万m³。2017年，遂宁市海绵城市建设试点区累计年利用雨水量21.0万m³（表4-15、表4-16）。

2017年遂宁市老旧城区雨水利用台账 表4-15

时间	降雨量（mm）	月初雨水利用设施容积（万m³）	雨水利用量（m³）	小区浇洒（m³）	市政杂用（m³）
1月	13.6	0.27	898	268	630
2月	28.2	0.27	752	220	532
3月	57.1	0.27	1666	395	1271
4月	58.9	0.27	2083	561	1522
5月	117.6	0.27	2991	553	2438
6月	115.1	0.27	3165	520	2645
7月	108.6	0.27	2817	594	2223
8月	113.7	0.27	3180	614	2566
9月	69.5	0.27	2502	452	2050
10月	99.6	0.27	2116	445	1671
11月	12.6	0.27	1575	417	1158
12月	1.2	0.27	179	60	119
合计	795.7	—	23924	5099	18825

2017年遂宁市河东新区雨水回用台账 表4-16

时间	降雨量（mm）	月初雨水利用设施容积（万m³）	雨水利用量（m³）	小区浇洒（m³）	市政杂用（m³）
1月	13.6	0.27	6701	1997	4704
2月	28.2	0.27	5605	1663	3942
3月	57.1	0.27	12721	2171	10550
4月	58.9	0.27	16264	2346	13918
5月	117.6	0.27	22988	2650	20338
6月	115.1	0.27	23543	2564	20979
7月	108.6	0.27	22765	2773	19992
8月	113.7	0.27	26261	3231	23030
9月	69.5	0.27	19034	2789	16245
10月	99.6	0.27	15308	2627	12681
11月	12.6	0.27	12653	2328	10325
12月	1.2	0.27	1663	622	1041
合计	795.7	—	185506	27761	157745

　　遂宁市雨水主要用于道路浇洒、绿地浇灌、市政杂用、景观补水等。目前，试点区域内人口约13.5万，年自来水用量约950万m³，雨水替代自来水比例约占2.2%。

4. 硬质堤岸柔化，城市岸线更加生态

海绵城市建设试点期间，遂宁市通过实施席吴二洲湿地公园、滨江北路水生态环境修复、联盟河水系治理、五彩缤纷北路景观带、莲里公园等项目，采取水生态治理、水环境修复、湿地公园建设、水系绿化等措施，将原状为砂石料场的莲里岸线打造为亲水公园，将原状为滩涂荒地的席吴二洲打造为城市绿心，将原状为"三面光"河堤的五彩缤纷路北延段打造为城市休闲湿地，不仅有效保护了天然岸线资源，而且将生态、防洪属性有机融合。对适宜且有条件改造的岸线进行了生态处理，建成了生态岸线38.8km，生态环境更加宜居宜人（图4-10、表4-17）。

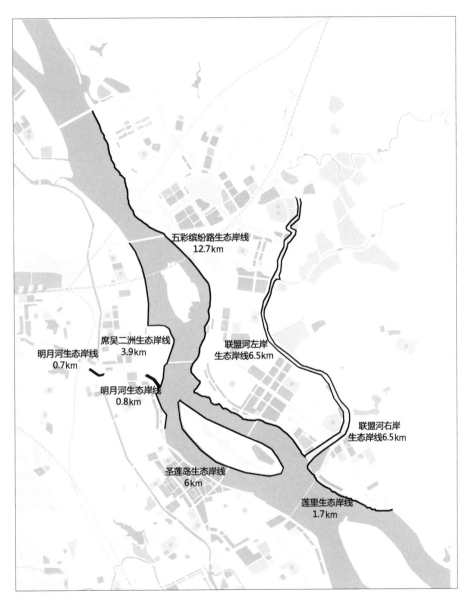

图4-10 生态岸线分布图

中心城区生态岸线改造前后功能对比 表4-17

岸线名称	改造前	改造后
莲里岸线	料场	防洪、生态缓冲、游憩
五彩缤纷路北延岸线	"三面光"	防洪、生态缓冲、游憩
席吴二洲岸线	滩涂	防洪、生态缓冲、承接径流、游憩

5. 河湖水系联通，城市水面呈增长趋势

遂宁市按照"绿化、美化、柔化、文化"的总体要求，因地制宜，建成水域面积约15km²的观音湖，围绕一湖清水，打造了国家4A级旅游风景区——观音湖生态湿地公园。着力建设生态湿地走廊，建成了席吴二洲公园、五彩缤纷北路湿地、圣莲岛公园、莲里公园等多处生态湿地公园，其中生态之洲——圣莲岛建成了世界荷花博览园。试点区域内天然水水面积达到580.1hm²，占试点区面积25.8km²的22.48%（图4-11、表4-18）。

遂宁市根据划定的城市蓝线，加强执法检查力度，严禁非法占用天然水体，切实维护水生态系统完整性。截至目前，无占用水体、湿地等违法现象。与试点前相比，水域面积未减少。目前正大力推进唐家渡电航工程的建设和河东新区引水入城，旨在通过水系连通，将青汤湖、东湖、涪江、联盟河水系连通，增大区域河网长度、密度和生态水面面积。项目完工后，预计将增加水面面积30hm²，真正形成"城在水中、水在城中、城水相依、人水和谐"的美丽画卷，成为名副其实的中国"西部水都"。

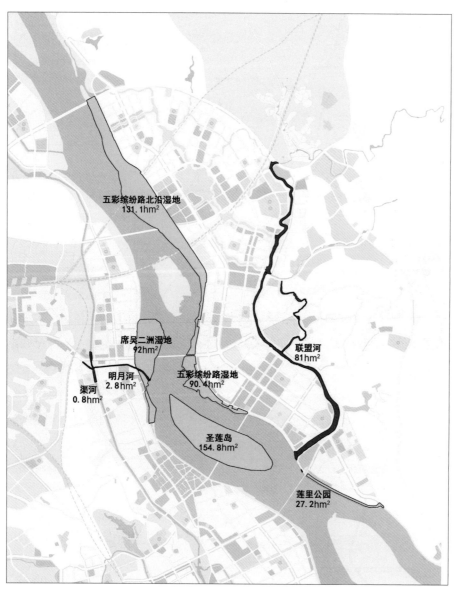

图4-11　水面分布图

区域		2018年	2015年
老旧城区	席吴二洲湿地	92	92
	渠河河道	0.8	0.8
	明月河河道	2.8	2.8
圣莲岛	岛内河道	27.1	27.1
	生态岸线	38.9	38.9
	岛心湿地	88.8	88.8
河东新区	联盟河河道及岸线	81	81
	五彩缤纷路湿地	90.4	90.4
	莲里公园岸线	27.2	27.2
	五彩缤纷路北延湿地	131.1	131.1
合计		580.1	580.1

6．城市热岛效应缓解显著，局部小气候得到改善

遂宁市通过海绵城市试点建设，热岛效应得到了有效缓解。2014年至2017年，中心城区中等以上热岛占比由19.3%下降至7.6%，极强热岛、强热岛效应基本消除，中等强度热岛效应面积减少42km²，平均热岛效应强度由2.2℃下降至1.5℃（表4-9、图4-12）。

时间	冷岛（km²）	无热岛（km²）	弱热岛（km²）	中等热岛（km²）	强热岛（km²）	极强热岛（km²）	平均强度（℃）
2014年	13	103	391	90	30	1	2.2
2015年	168	240	129	49	26	15	2.1
2016年	8	198	340	57	25	0	1.8
2017年	48	319	213	48	0	0	1.5

在2015年，海绵城市建设初始，对热岛效应的缓解并不明显，强热岛和极强热岛效应较2014年仍有所增加，其中极强热岛效应面积15km²。2016年，随着海绵城市建设项目进一步推进，热岛效应出现了一定缓解，中等强度以上的热岛效应开始减少，强热岛效应仅出现在市中心西南部及其周边的乡镇，并且没有极强热岛效应出现。至2017年，随着海绵城市建设项目的大面积完工，热岛效应进一步得到缓解，中等强度的热岛面积降到48km²，而强热岛和极强热岛效应均被消除，海绵城市建设及其配套管控措施对热岛效应的缓解效果开始凸显。

4.3.2　社会效益：城市更宜居、百姓得实惠

遂宁市通过海绵城市试点建设，城市品质不断得到提升，城市功能更加完善。海绵城市建设深入民心，老百姓满意度高，导致试点区域外的小区居民纷纷要求对

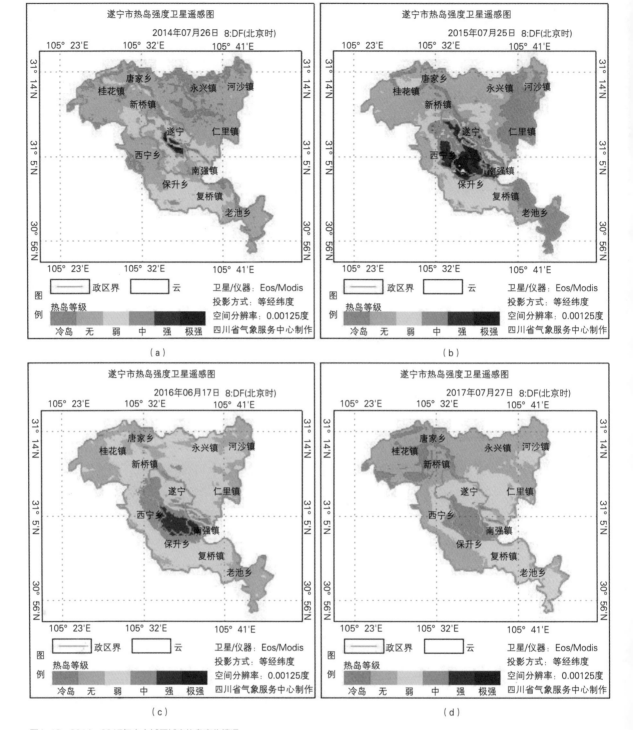

图4-12 2014—2017年中心城区城市热岛变化情况

自己所在小区进行海绵化改造。

　　作为由中央财政支持的国家海绵城市建设试点，不仅要创新干好自身的试点工作，还需要及时总结成功的经验模式，让其他城市和地区少走弯路。遂宁市正是以这种国家试点的开放胸怀，无私地向业界及时展示可复制推广的项目及经验模式。

　　试点建设期间，遂宁市先后接待国内外2100人次考察学习活动，成功举办由住房和城乡建设部、财政部、水利部联合召开的全国海绵城市建设现场会，得到各级领导、专家、学者和媒体的充分肯定和高度评价。将习近平总书记在中央全面深化改革领导小组第三十五次会议上强调的"试点目的是探索改革的实现路径和实现形式，为面上改革提供可复制可推广的经验做法"真正贯彻落实到了海绵城市试点

赠送锦旗

坝坝宴

图4-13 复丰巷小区居民自发感谢政府推行海绵城市建设

建设的全生命周期。

1. 群众满意度高

遂宁市在推进老旧城区海绵城市建设过程中，遵循"海绵+n"的思路，只要符合市民迫切需求的内容，一并纳入改造范围，使改造后的老旧小区实现"路平、水通、灯亮、景美"的优美环境，让市民真正享受到海绵城市建设的"红利"。老旧小区海绵化改造最典型的项目是复丰巷小区。该小区在2013年"6·30"特大暴雨时，内涝积水达1.3m。经过海绵化改造后，不仅有效解决了内涝问题，还大幅提升了小区的整体居住品质，小区居民幸福感叹："雨后出门穿布鞋都不湿脚!" 2016年6月19日，居民自发组织摆了17桌坝坝宴，共同庆贺，还制作锦旗赠送市住建局以示感谢。

河东新区在开展海绵城市试点建设过程中，通过"微创"海绵城市建设，一座生态新城应时代而生，山、水、湿地、城市，各美其美、美美与共。市民在此工作、生活、休闲、游憩，满足感、归宿感、自豪感均有提升。

2018年3—4月，遂宁市以"问卷星"网络平台为载体，通过遂宁新闻网及其手机客户端、川报观察手机客户端，以及微信传播等方式，实施了问卷调查。此次调查共收回问卷375份，受访对象涉及各个年龄层、各种职业，具有广泛代表意义。

遂宁市市民对海绵城市建设认可度较高。参与问卷调查者中，表示"非常满意""满意""基本满意""不满意"的比例分别为41.67%、29.76%、23.41%、5.15%，群众满意度（基本满意及以上的比例）达94.84%。遂宁市区域参与调查者表示"非常满意"的比例（41.67%）明显高于遂宁市以外比例（16.26%）（图4-14）。

遂宁市市民对海绵城市的认知度较高。参与调查者中，89.33%之前听说过"海绵城市"。其中，遂宁市与遂宁市以外这一比例分别为98.41%与70.73%，遂宁市区域群众对"海绵城市"的知晓率明显高于遂宁市以外（图4-15）。很多百姓提出了"应该在全区域实施"、"遂宁市海绵城市建设总体搞得好！请缩小南、北、东、西的差距"、"尽快加紧对北门老旧小区进行改造"等希望和建议。

2. 外界反响好

遂宁市在海绵城市建设试点期间积极探索实践，在海绵城市规划、建设、管

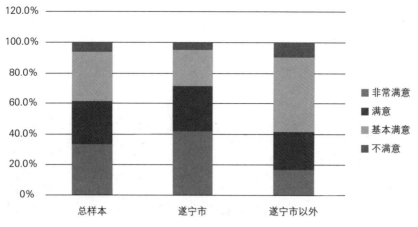

图4-14 公众参与遂宁市海绵城市建设满意度调查情况

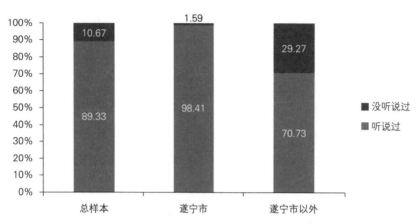

图4-15 公众参与遂宁市海绵城市认知度调查情况

理等方面形成了一系列可复制、可借鉴的经验和模式，海绵城市建设成效享誉境内外，先后有澳大利亚，以及我国台湾、北京、天津、上海等地区、2100余人次前往考察学习。2017年4月，遂宁市成功举办全国海绵城市建设现场会，财政部、住房和城乡建设部、水利部及各省相关厅局，由中央财政支持的30个国家级海绵城市建设试点城市全数参加，遂宁市的做法和成效得到了各级领导、其他海绵城市建设试点城市参会代表、海绵城市建设专家的一致认可。全国政协副主席、民盟中央常务副主席陈晓光在"2016绿色经济遂宁会议"讲话中指出："作为西部丘陵地区的遂宁，在全国率先提出绿色发展理念，积极探索绿色转型之路，走在了全国前列。"2016年5月22日，时任财政部副部长的刘昆到遂宁市视察海绵城市建设试点工作时，对遂宁市海绵城市建设试点工作给予了充分肯定，指出"遂宁海绵城市建设试点已经形成了可复制、可借鉴的经验"。2017年4月27日，住房和城乡建设部副部长倪虹在全国海绵城市建设现场会上，指出："部分试点城市以解决内涝为导向，实施的老旧小区改造取得了良好效果。如遂宁市复丰巷老旧小区地势低洼、逢雨必涝。通过海绵化改造，从源头上抓好减排，因地制宜设置海绵设施，增加管道过流能力，建设雨水提升泵站，提高防洪排涝能力。工程实施后效果显著，居民十分满意，进而带动了一些原来不理解的市民主动要求海绵化改造，群众参与热情不断高涨。"2017年4月27日，水利部副部长叶建春在全国海绵城市建设现场会上，指出"海绵城市建设'遂宁经验'值得借鉴和推广"。四川省人大副主任黄彦蓉在遂宁调研海绵城市建设时，发出了由衷感叹："新型城镇化建设、海绵城市建设最亮丽的一道风景线在哪里？在遂宁！"

在中规院（北京）规划设计公司总经理张全看来，在城市规划中，建设用地的选择通常要避开洼地，以减少开发建设时的挖填方成本、降低内涝风险。在城镇开发边界内，根据识别出洼地类型（是否有水面）和分布（是否在现状建成区）情况，提出分类保护策略，不失为遂宁市海绵城市建设规划层面的一大亮点。"重视指标，却不唯指标是从"，这是住房和城乡建设部海绵城市建设技术指导专家委员会专家、中国城市建设研究院副院长王磐岩带队对遂宁市海绵城市建设进行中期考核时留下的深刻印象，尤其注重项目的前期调研、分析，在科学数据的基础上，充分融合当地特色和居民实际需求进行规划设计，真正做到了海绵城市建设提倡的因地制宜、道法自然。财政部中国农村财经研究会联络培训部主任、全国第一和第二批国家海绵城市试点城市绩效评审财政部推荐专家胡大明，认为遂宁市海绵城市建设试点PPP模式应用效果之所以比其他同批次的试点要好，主要原因有两点：一是政府领导和海绵城市建设团队从理念层面对PPP模式的本质认知和理解十分到位；二是对"海绵城市"的内涵理解十分到位。

3．媒体评价高

中央电视台、《人民日报》、新华社、《中国建设报》等20余家中央及省级媒体40余次对遂宁市海绵城市建设的做法和经验模式进行了报道。2017年8月3日，中央电视台新闻联播以《海绵城市：让城市有"面子"，更有"里子"》为题，报道了遂宁市海绵城市建设试点情况。2017年7月29日，《人民日报》第10版以《城市更亲水，百姓得实惠》为题，报道了遂宁市海绵城市建设试点成效情况。2016年6月4日，新华社以《四川遂宁加快推进海绵城市建设》为题，通过走访建设项目，图文并茂报道了遂宁市海绵城市建设试点工作已取得的成效。

4.3.3 经济效益：城市更绿色、产业新发展

1．直接经济效益

遂宁市海绵城市建设通过PPP打包方式，将同海绵城市建设相关的市政基础设施建设项目同步实施，建设投资由计划的58.28亿元增加至118亿元，有效增加了城市基础设施的投入，一定程度带动了社会固定资产的投入。2016年、2017年，遂宁市全社会固定资产投资分别达到1125.82亿元、1257.63亿元，分别增长11.3%、11.7%。特别是2018年上半年，遂宁市完成固定资产投资547.95亿元，同比增长14.5%，高于全国平均水平8.5个百分点，高于四川省平均水平3.9个百分点，增速居全省第10位。根据真实数据测算，采用海绵城市建设方式同传统方式相比，新建类项目投资基本持平，改造类项目投资有效降低，主要是节省了排水管网设施建设费用。同时，前者的工程建设周期普遍缩短。

1）联福家园——新建小区

联福家园为新建项目，占地面积4.5万㎡。如果按非低影响开发理念进行建

设，三年一遇对应雨水峰值为680L/s，在小区出口需采用DN700的雨水管道。采用海绵城市理念进行建设，通过建设植草碎石沟、雨水花园、透水铺装等设施进行错峰和削峰，错峰时间为50min，三年一遇对应雨水峰值降为300L/s，小区出口采用DN500的雨水管道即可（图4-16）。

该项目由于增加碎石海绵体、透水铺装材料，相对传统地砖等材料目前还存在一定的价格差异，采用海绵城市建设方式的投资相对传统建设方式增加约41万元。而雨水管道管径变小，管网长度变短，却节省造价6万元。采用低影响开发理念进行建设，基础设施工程增加投资35万元，对于总投资2.7亿元的项目来说，只增加了1.3‰，基本持平（表4-20）。但是此种方式有效降低了小区雨水面源污染，减小了土地开发对市政管网的影响，降低了市政雨水管网的投资。

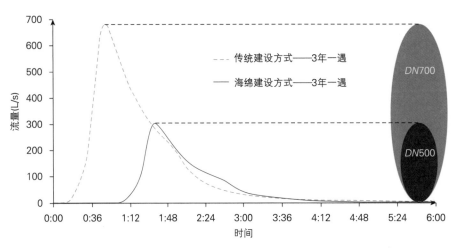

图4-16　传统建设方式与海绵城市建设方式峰值对比图

联福家园小区海绵建设投资对比表　　　　　　　　　　　　　　　　　　　　　　　　　　　表4-20

项目类型	数量	传统建设方式		海绵建设方式		差额（万元）
		建设方式	单价	建设方式	单价（元）	
透水砖	6000m²	普通混凝土+花岗石	165	透水混凝土垫层+透水砖	205	24
透水混凝土	1000m²	普通混凝土+花岗石	165	透水混凝土垫层+面层	220	5.5
透水沥青	6000m²	普通沥青	65	透水沥青	85	12
透水停车场	420m²	普通混凝土+植草砖	145	透水混凝土+植草砖	170	1.05
下沉式绿地	4000m²	填方+草坪	30	填方+草坪	28	−0.8
雨水花园	2000m²	填方+灌木	50	填方+水生植物	45	−1
雨水管网	2850m	—	—	1650m	—	−6
合计	—	—	—	—	—	34.75
海绵设施增加投资占总投资（2.7亿元）的比例						1.3‰

2）金色海岸——小区改造

以金色海岸西侧排水分区为例，该排水分区汇水面积2.5万m²。改造前，雨水管管径为DN500，管道重现期仅为1年一遇，雨水峰值为240L/s。若采用传统方式将管道重现期提高到3年一遇，雨水峰值为420L/s，需将雨水管管径增加到DN700。而采用海绵城市建设理念进行改造，通过建设植草碎石沟、雨水花园、透水铺装等设施，3年一遇对应雨水峰值降为200L/s，原有的DN500雨水管道就能满足要求（图4-17）。

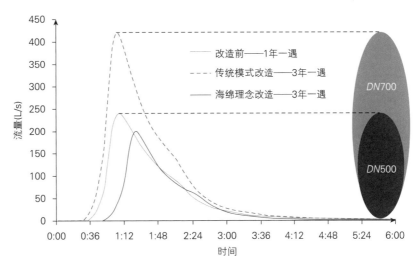

图4-17 传统改造方式与海绵改造方式峰值对比图

若仅通过增加管径来提高管道标准，需要改造830m雨水管道，投资约250万元，而该区域海绵化改造总投资为200万元，与管道重建提标的传统做法相比较，不仅节约了约20%的造价，而且小区环境得到了整体提升，雨污实现分流，面源污染得以降低，还避免了大开大挖。

3）芳洲路——道路改造

芳洲路改造路段总长2.3km，服务面积约38万㎡。该路段改造前存在严重的积水内涝、雨污混流等问题。

如果单纯采取增大重建排水管网的方式去解决此问题，因为管道埋设较深，意味着要整条道路破坏重建，路旁的公园绿地有大面积景观需要恢复重建，水、电、气、通信等专业管线需要迁改，加上其他施工措施，预计造价将会达到每公里近1300万元，总费用预计3000万元左右。而且工期较长，协调难度与施工难度极大。

采用海绵城市建设方式，项目改造费用只需要800万元左右。利用地形、绿化、透水停车场、钢带波纹管、碎石渗透带、地下砂卵石层等海绵化措施，可实现在不动现有管网的前提下，避免大开大挖、管线迁改，兼顾既有设施及景观的保护，工期较短，施工难度小，方便协调，还可实现管道标准从一年一遇提升到五年一遇，以前20mm以上降雨量就会积水的路段，改造后经历76mm的降雨量都没有发生内涝。采用海绵城市建设方式改造，既可解决排水不畅、内涝积水、雨污混流等问题，又能解决雨水面源污染问题，还可以实现雨水资源利用，每月可节约景观水用量3000m³。

2．间接经济效益

遂宁市通过海绵城市建设试点，不仅带来了生态环境的改善，实现了“小雨不积水，大雨不内涝，水体不黑臭，热岛有缓解”的海绵城市建设目标，还由此带来了投资环境的改善、商业价值的提升以及建筑业、房地产业、旅游业的高质量发展，实现了城市绿色开发与生态环境有效保护的双赢目标。

随着海绵城市建设的不断推进，遂宁近年的经济规模也在持续扩大。地区生产总值连跨7个百亿元台阶，年均增长率达12.6%。2016年首次突破千亿元大关，同比增长9.1%。2017年达到1138.06亿元，同比增长8.3%。2018年上半年，全市实现地区生产总值526.77亿元，同比增长9.0%，高于全国2.2个百分点，高于四川省0.8个百分点，增速居全省第4位。

商业价值大幅提升。随着遂宁市生态环境的改善、基础设施的完善，城区各类土地商业价值不断提升，试点区内商住用地由2014年每亩206万元，增至现在的每亩377万元，年均增长20.8%，增幅超过非试点区域的船山区和安居区等区县。

关联产业快速发展。随着遂宁市海绵城市及其基础设施建设的大量投入，直接带动了水泥、钢材、砂石、管材等产业加快发展。2015—2017年，全市水泥、商品混凝土等产量不断增长，近三年水泥产量分别为219.7万t、221万t、233.2万t，商品混凝土产量分别为139万m^3、166.6万m^3、194万m^3。"美丽遂宁"建设成效显著，城市形象和吸引力大幅提升，带动生态农业、旅游业和健康养老产业快速发展，旅游收入年均增幅达到24.3%。

4.4

样板工程

4.4.1　金色海岸老旧小区改造项目（图4-18、图4-19）

图4-18　小区楼栋间透水铺装实效

图4-19　雨水花园实景

项目位置：遂宁市老城区

项目规模：5.7hm²

竣工时间：2017年2月

建设投资：570万元

1．现状及问题分析

金色海岸小区位于遂宁市老城区，嘉禾西路北侧，小区于2005年建设完毕，小区占地面积5.7hm²，其中：建筑占地面积2.7hm²，硬地面积2.1hm²，绿化面积0.9hm²。改造前，小区地面硬化率高，雨水自然渗透净化能力弱，部分路面破损，凹凸不平，存在积水的情况，排水管网标准低，雨水管道设计重现期仅为1年一遇，局部地方存在雨污合流的问题。小区绿化和环境较差，路灯照明亮度不够。

2．改造措施

本次海绵城市建设工程主要改变传统雨水排水方式，采取了微调道路竖向、断接屋面雨水的方式，采用源头减排、过程控制、末端调蓄等措施。在小区新建透水铺装、碎石渗透带、植草碎石沟、雨水花园、蓄水池等雨水下渗、收集、存储设施，同时完善小区排水设施，利用现有雨水系统进行雨水的溢流排放和错峰排放。雨水排放主要路径有：

（1）屋面排水立管→消能井→植草碎石沟→碎石渗透带→雨水管道。

（2）道路雨水→植草碎石沟→雨水花园→碎石渗透带→雨水管道。

（3）道路雨水→雨水沟→碎石沟→蓄水池→雨水利用。

（4）道路雨水→透水混凝土路面→碎石渗透带→雨水管道。

（5）道路雨水→透水混凝土路面→碎石过滤带→蓄水池→雨水利用。

采用"海绵+n"的改造理念，修缮小区花池，提高小区绿化品质，更新照明设施，修补低洼破损路面，改善小区的居住环境（图4-20~图4-22）。

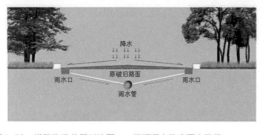

图4-20 道路改造前后对比图——微调竖向改变雨水路径

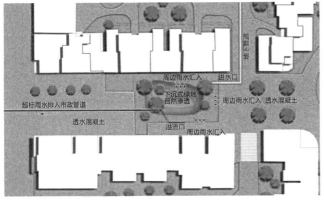

图4-21 雨水花园平面图

图4-22 雨水花园断面图

3．建设效果

（1）实现了"小雨不积水"的改造目标

1）透水混凝土、植草碎石沟、雨水花园、透水铺装等海绵设施将75%（25.7mm）的雨水就地消纳，超过此标准的雨水溢流进入市政管网。

2）实施源头减排以后，在市政管网未做改造的前提下，排水标准由1年一遇提高到3年一遇，与管道提标的传统做法相比较，避免大开大挖，节约造价约20%，同时削减了面源污染。

（2）实现雨污分流

重新组织雨水径流，雨水通过溢流方式进入雨水管道系统，污水通过原有管道系统进入市政污水管道，实现雨污分流。

（3）雨水资源利用

在雨水的径流环节上进行了滞蓄并就近利用，小区内两座雨水蓄水池共350m³，年利用雨水量3500m³，供给绿地灌溉及道路浇洒，实现本区域雨水的径流控制及雨水的合理利用。

（4）环境整体提升

本项目在实施过程中，与居委会和业主代表多渠道进行了沟通，在设计和施工过程中广泛征求了相关意见，通过海绵城市改造，在达到海绵改造目标的同时，也解决了小区自身存在的部分问题，受到了居民一致好评。

图4-23 龙腾御锦段探索采用"卓筒井盐卤钻井技术"海绵化应用，实现车行道半幅雨水及周边小区雨水调蓄、径流控制的目的

图4-24 观音文化园段，带状设置生态湿塘、运用本地水生植物净化水体，实现雨水调蓄净化利用

项目位置： 遂宁市河东新区

项目规模： 2.3km

竣工时间： 2017年3月

建设投资： 1200万元

1．现状及问题分析

芳洲路位于河东一期东侧，改造路段总长2.3km，改造范围主要是市政道路及联盟河观音文化园公共景观带，服务面积约38hm^3（包括部分沿线小区）。按照实施计划，年径流总量控制率应达到80%，对应降雨量32.1mm。改造之前芳洲路主要

存在三个方面的排水问题：①局部路段冒水、积水现象突出。②雨污分流不彻底，存在雨污混接情况，影响联盟河水质。③雨水利用率低，景观水体自来水补给消耗大。

2．改造措施

芳洲路沿线海绵改造充分结合场地条件，利用场地内水体、绿地、停车场及局部开敞空间因地制宜设置了雨水湿塘、调蓄池、滨水湿地、旱溪、生物滞留设施、下沉式绿地、雨水模块、海绵化停车场、碎石渗透带、钢带波纹管等多种类型的海绵设施，实现雨水就近收集消纳；并通过管网、地形将各海绵体有机衔接形成系统，发挥连片效应。

设置在停车场下的钢带波纹管，通过路侧透水边沟收纳停车场前后至少200m范围的雨水，是遂宁市河东新区海绵改造过程中提出的创新工艺。相对2015年的PP塑料蓄水模块，钢带波纹管在保证存水体积的优势之外，还有安装方便、结构可靠、工期较短、造价节约（30%左右）、维护方便、环保节能等优点。

根据地勘资料，天然砂卵石层位于地下5m左右。芳洲路海绵改造过程中，在彻底实施雨污分流改造的前提下，采用遂宁本地传统的卓筒井工艺，通过渗透井，将浅表的、分散的人工"小海绵"与地下天然的"大海绵"相连通。雨水经过人工海绵体和天然砂卵石层的充分净化后可有效回补地下水，实现雨水回补与回用，构成了独具特色的海绵城市建设遂宁模式（图4-25～图4-28）。

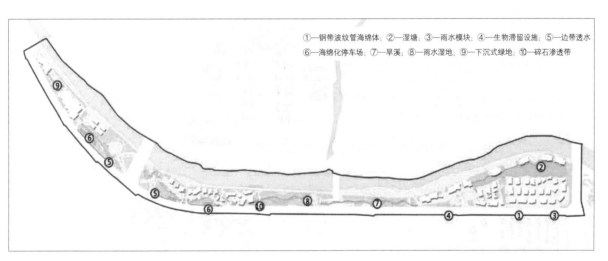

①—钢带波纹管海绵体；②—湿塘；③—雨水模块；④—生物滞留设施；⑤—边带透水
⑥—海绵化停车场；⑦—旱溪；⑧—雨水湿地；⑨—下沉式绿地；⑩—碎石渗透带

图4-25 海绵设施平面图

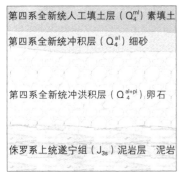

第四系全新统人工填土层（Q₄ᵐˡ）素填土	
第四系全新统冲积层（Q₄ᵃˡ）细砂	
第四系全新统冲洪积层（Q₄ᵃˡ⁺ᵖⁱ）卵石	
侏罗系上统遂宁组（J₃ₛ）泥岩层　泥岩	

图4-26 地质构造

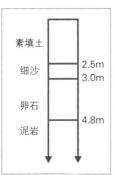

素填土

细沙　　2.5m
　　　　3.0m
卵石

　　　　4.8m
泥岩

图4-27 钢带波纹管技术探索

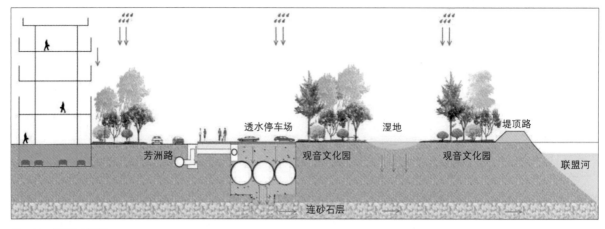

图4-28 芳洲路剖面图

3．建设效果

1）有效解决积水内涝问题

芳洲路沿线"小海绵体"总调蓄容积超过5300m³，年径流总量控制率超过90%，对应降雨量57mm。若考虑局部海绵体与地下天然卵石层"大海绵"的连通关系，海绵设施集水范围内实际年径流总量控制率达到95%以上。改造完成后，将彻底解决道路积水问题，提高雨水收集利用率。

一期建成区内，每个排水分区均设置了类似的调蓄设施，一方面可以有效削峰、减排、滞蓄雨水，控制雨水径流总量；另一方面也给远期各片区雨水调蓄预留空间，提升了城市防涝能力。通过这些改造措施，实现了在不改动现有管网的前提下，管道标准从1年一遇提升到5年一遇，芳洲路以前降雨量超过20mm就会发生积水，改造后经历76mm的降雨都没有发生内涝。同时，还解决了雨污合流问题、削减了面源污染，钢带波纹管存储的雨水可以进行利用，每月可替代景观自来水量3000m³。

2）显著降低改造投资

如果单纯采取增大重建排水管网的方式去解决此问题，因为管道埋设较深，那就意味着整条道路破坏重建，路旁的公园绿地有大面积景观需要恢复重建，水电气信等专业管线需要迁改，加上降水施工措施，预计造价将会达到每公里近1300万元，总费用预计3000万元左右，而且工期较长、协调难度、施工难度极大。而采用海绵方式去处理，改造费用只需要800万元左右。

4.4.3 莲里公园生态堤岸建设项目（图4-29、图4-30）

图4-29 结合景观坡形因地制宜综合塑造的海绵公园实景

图4-30 全部进行生态柔化后的临江岸线实景

项目位置：遂宁市河东新区

项目规模：5.7hm²

竣工时间：2015年12月

建设投资：1.65亿元

1．现状及问题分析

莲里公园位于河东新区建成区，涪江东岸，公园长约3km，占地近20hm²，总投资约1.65亿元。改造前，该区域属沙石料场，场地脏乱差，堤岸硬质比例高，雨水通过堤岸直接进入涪江，径流系数高，面源污染严重。

2．改造措施

项目坚持"生态为本、因地制宜、功能优先、兼顾景观"的规划原则，充分融入了海绵城市建设理念，统筹好了"大海绵"与"小海绵"之间的互动关系。技术上充分发挥原始地貌、植被、土壤、湿地、水体的自然积存渗透、净化作用，通过生态岸线恢复、生态荷花塘、下沉式绿地等海绵设施建设，有效收集了雨水，削减、净化了面源污染，缓解了城市内涝，改善了滨江水环境，结合"湖岸蜿蜒、大气磅礴、蜀风横溢、生态优雅、疏可跑马、密不透风"的景观处理方式，已打造成为具有蜀风园林特色的样板景区，成为遂宁旅游接待、"海绵"文化展示、市民休闲观光的好去处（图4-31）。

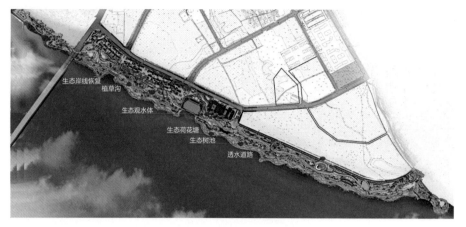

图4-31 海绵设施平面图

在莲里公园规划建设过程中，充分发挥原始地形地貌对降雨的积存作用，充分发挥植被、土壤等自然下垫面对雨水的渗透作用，充分发挥湿地、水体等对水质的自然净化作用。通过涪江观音湖生态岸线恢复、生态荷花塘、透水道路和铺装、植草沟等设施的建设，既保护了自然的岸线，又增强了海绵功能，不仅能消纳自身雨水，更为滞蓄周边雨水提供空间；并且结合雨水净化布局景观水体，设置多级雨水调蓄池，进一步改善了存水和亲水空间、营造多样性的生态环境。

3. 建设效果

莲里公园项目绿地约占80%（16hm²），水体约占10%，本身就是一个自然为主、局部人工的海绵体，项目没有机械的强求100%的透水铺装，充分利用竖向以及对绿化空间的改造等，就地控制局部硬化带来的雨水径流的水量、水质。设计径流总量控制降率75%，对应控制降雨量25.7mm，应调蓄容积约514m³。实施后的实际调蓄容积1000m³以上，对应降雨量50mm，实际径流总量控制率超过85%。莲里项目与周边开发项目相临，既满足了人们对现代滨水环境的需求，又提升了周边的土地价值，实现城市建设开发与环境保护的双赢。

4.4.4 体育中心公共建筑改造项目（图4-32、图4-33）

图4-32 完工后的项目实景

图4-33 部分区域集中设置的超大蓄水空间，相应的设施也实现了渗排一体化

项目位置：遂宁市河东新区

项目规模：17.7hm^2

竣工时间：2016年1月

建设投资：700万元

1．现状及问题分析

遂宁市体育中心位于河东新区，北边和南边分别是主干道东平大道和五彩缤纷路，东边和西边分别是次干道慈航路和紫竹路，该中心于2014年建成并投入使用，总占地面积17.7hm^2，其中建筑占地面积约4.1hm^2，硬质地面约7.7hm^2，绿化面积5.9hm^2。体育中心共分5个子排水分区，改造前雨水依地势分别排向东平大道、慈航路、紫竹路及五彩缤纷路。

开发前，该区域土壤渗透率较高，渗透系数约2.31×10^{-4}m/s。

体育中心建成于2015年之前，建设过程对下垫面干扰过大，具体表现为：

①硬质铺装面积大，未对径流污染进行控制；②屋面虹吸排水，雨水直排市政管道；③绿地面积大，无雨水利用系统，绿化灌溉消耗大量自来水。

2．改造措施

1）总体方案设计

体育中心地块为涪江冲击带，地质结构以砂石为主，开发之前年综合雨量径流系数为0.3，据此该项目径流控制率应确定为70%，恢复到开发之前的水平；由于体育中心绿地面积相对较大，考虑排水分区径流控制总量平衡，设计时体育中心分担了东平大道、五彩缤纷路、紫竹路、慈航路等周边道路雨水径流，最终年雨水径流控制率提高到75%（图4-34、表4-21）。

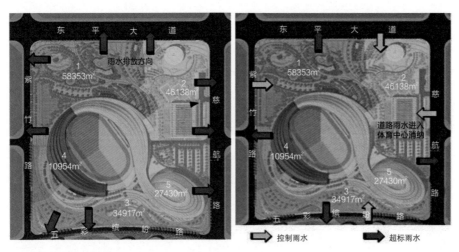

图4-34　体育中心区内部现状排水分区图体育中心设计雨水流向图

体育中心各子排水分区及周边道路雨水控制下限值　　　　　　　　　　　　表4-21

区域	汇水面积（m²）	径流系数	需控制雨水量（m³）
1	58353	0.32	480
2	46138	0.28	332
3	34917	0.75	673
4	10954	0.8	225
5	27430	0.8	564
周边道路	20427	0.8	420
合计	198218	—	2694

综合竖向、下垫面、排水管网走向、绿地空间等因素，在径流路径上因地制宜设置透水铺装、蓄水模块、渗排渠、植草沟等海绵设施。

2）典型技术措施

（1）渗排一体渠

在广场骑行道位置设置带状渗排一体化设施，集中消纳大面积硬化场地的雨水径流。用碎石或者蓄水模块等作为存水媒介，下铺设碎石等可渗透的结构，并在媒介中做溢流处理。储存的雨水，小雨时可以通过渗透结构下渗，大雨时可以通过溢流进入雨水管网（图4-35、图4-36）。

（2）碎石下渗带

在滑板场、篮球场、停车场、儿童乐园等周边，设置碎石下渗带，就地消纳雨水径流。在雨水沟中铺设碎石层，可通过其净化雨水，并利用空隙率大等特点，临时存储部分雨水（图4-37、图4-38）。

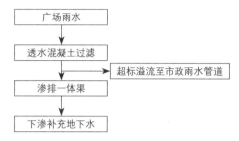

图4-35 渗排一体渠流程框图

图4-36 渗排一体渠流程图

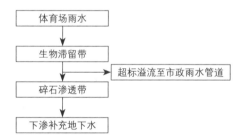

图4-37 碎石下渗带流程框图

图4-38 碎石下渗带断面图

（3）雨水收集净化利用

采用PP单元模块组合，在水池周围包裹防渗土工布，形成地下贮水池，根据体育中心场地内雨水管网的走向，设置集中雨水调蓄池，收集和净化雨水，雨水通过净化后可用于绿化灌溉、车道清洗等（图4-39）。

（4）能力监测平台

布局SS监测仪、流量仪、雨量监测仪等设备，对改造项目成果进行实时监测。通过监测中继器将实时监测数据传输至监测中心，由此形成完整的能力监测体系。

3．建设效果

1）雨水源头减量，污染物得到消减

体育中心设计总调蓄能力为2962m^3，大于需要控制的雨量（2694m^3），经模型测算及2016年的降雨观测，体育中心年径流总量控制率已达到75%（图4-40、图4-41）。

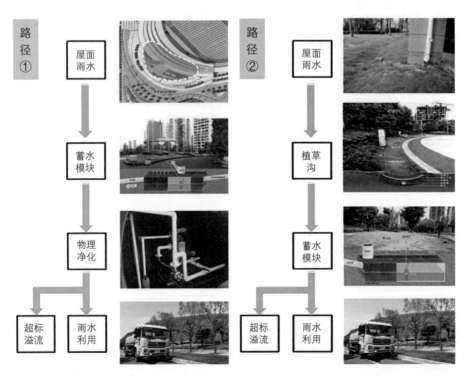

图4-39 雨水收集利用流程图

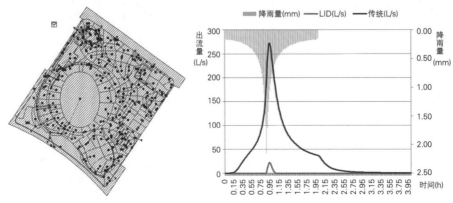

图4-40 SWMM模型界面　　　　图4-41 峰值流量控制模拟结果

根据能力监测平台监测结果，体育中心监测点在2016年6月23日、7月31日、8月6日液位超过溢流高度，液位达到溢流高度时，对应累计降雨量分别为42.1mm、36mm、43.4mm，大于25.7mm（年径流控制总量75%对应的降雨量）（图4-42）。

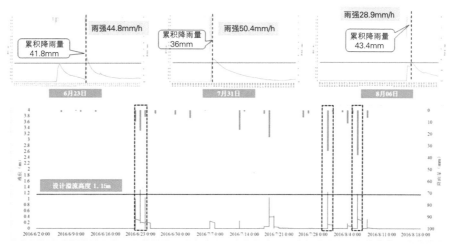

图4-42 体育中心监测点监测结果

各项海绵化设施对雨水进行净化处理，源头上削减雨水中污染物的浓度，削减率大于75%，对涪江水质起到保护作用。

2）管道标准得到提升

通过各类低影响开发设施对雨水进行源头减量、调蓄，每年滞留约14万m³雨水，减小对下游雨水管网的压力，管道重现期标准由1年一遇提高到3年一遇，有效避免涝渍灾害。

3）雨水资源利用

在雨水的径流路径上设置了雨水花园、雨水桶、调蓄模块等蓄水设施，年利用雨水量8500m³，满足体育中心绿地浇灌用水及周边道路浇洒，实现本区域雨水的径流控制及雨水的合理利用，节约了常规水资源用量。

图4-43 经过美化后的楼栋间的透水砖铺装实效，透水道路、植草碎石沟与景观协调设置，小区整体观感得到了提升优化

图4-44 根据群众诉求美化后的透水混凝土铺装实效

项目位置：遂宁市河东新区

项目规模：4.5hm²

竣工时间：2017年2月

建设投资：2000万元

1. 现状分析

联福家园项目位于遂宁市河东新区旗山路北侧，占地面积约4.5hm²，其中建筑占地面积1.2hm²，道路广场占地面积1.8hm²，绿地面积1.5hm²。作为海绵城市建

设政府投资管控项目，根据《四川省遂宁市海绵城市建设试点实施计划（2015—2017年）》，该项目年径流总量控制率目标为80%，对应的设计降雨量为32.1mm，应调蓄雨水容积490m³。

2．海绵建设方案

对该小区的海绵城市建设，结合小区实际情况，改变了传统雨水排放方式，重新组织雨水径流途经：屋顶、路面雨水→可渗透植草沟→雨水花园→超标溢流至排水管网；利用小区绿化景观设计以及场地地形地貌，通过透水铺装、可渗透植草沟、雨水花园、生态消能池、生态停车场、调蓄湿塘、下沉式绿地、渗透井、截污净化井等海绵设施的科学布设，形成点（源头治理）、线（管沟相连）、面（分区连片）相结合的低影响开发雨水控制系统，综合运用"渗、滞、蓄、净、用、排"等措施，使雨水先进入海绵体进行净化、下渗、滞留、再溢流排放，尽量将雨水就地消纳，实现径流控制目标，提升小区人居环境。

建设过程中，河东新区海绵办严格按照海绵城市规划目标对该项目进行了全程管控。从方案设计、施工图审查、现场施工、调试运行、效果评估、维护管理等各阶段，海绵办进行了全程跟踪、指导、服务、监督，确保了管控目标落地，探索建立并落实了新建项目海绵管控流程、办法及制度。

3．建设效果

1）实现"小雨不积水"的目标

（1）透水铺装、植草碎石沟、雨水花园等海绵设施共调蓄雨水770m³，将88%（50mm）的雨水就地消纳，超过此标准的雨水溢流进入市政管网。

（2）实施源头减排以后，3年一遇对应雨水峰值由680L/s降为300L/s，小区出口采用DN500的雨水管道即可满足排放标准。

2）经济比较

由于增加碎石海绵体、透水铺装材料相对传统地砖等材料目前存在价格差异，采用海绵城市建设方式的投资相对传统建设方式增加约41万元；而雨水管道管径变小，管网长度变短，节省造价了6万元，采用低影响开发理念进行建设，基础设施工程增加投资35万元，对于总投资2.7亿元的项目来说，只增加了1.3‰，基本持平，但是降低了面源污染，减小了土地开发对市政管网的影响，降低了市政雨水管网的投资。

海绵城市建设模式相比传统开发模式，新建类项目投资基本持平，采用海绵城市开发模式，还可降低面源污染和内涝灾害、涵养地下水源、缓解城市热岛效应、改善城市人居环境等，社会效益和环境效益明显。

图4-45　滨江路西侧人行道采用整体透水方案，还根据需求预留了停车空间

图4-46　既有道路改造采用半透水和两侧人行道整体透水方案完工后的雨天实景

项目位置：遂宁市老城区

项目规模：23hm^2

竣工时间：2017年2月

建设投资：1500万元

1．现状及问题分析

盐关街片区位于遂宁市老城区，嘉禾路南侧，在试点区域外，占地面积23万 m^2。小区建设年代久远，改造前，雨水自然渗透净化能力弱，存在积水的情况，排水管网标准低，雨水管道设计重现期仅为1年一遇，部分地方存在雨污合流的问题。小区地面硬化率高、部分路面破损，凹凸不平。

2．改造措施

实施内涝区域整治，提高雨水管道设计标准，新增雨水排放通道，将雨水就近排入明月河。

实施雨污分流，新建截污干管，将污水引入滨江路主排污通道，进而进入污水处理厂。

实施路面透水改造，因地制宜采用碎石、多孔砖、透水混凝土等本地材料，探索道路的整体透水与边带透水改造技术，实现"小雨不积水、大雨不内涝"。

3. 雨污分流改造

新增滨江路北侧雨水管道，解决相关区域雨水过水能力不足等问题。将部分支路的原雨水管道改作污水管道，新增雨水管道、污水管道实现片区整体雨污分流。

4. 透水路面改造

透水机动车道技术。透水道路是海绵城市建设的重要方面之一，建设透水道路就是要求改变雨水快排、直排的传统做法，增强道路对雨水的消纳功能，降低径流量。由于雨水的下渗会对机动车道路路基产生不良影响，因此目前，透水道路一般建在小区或非机动车道上。该技术通过在机动车道上透水混凝土下面铺设黏砂石，人行道下建设碎石下渗带，机动车道上透水混凝土与人行道下碎石下渗带通过多孔砖连接。最终能够实现：①机动车道雨水下渗后通过多孔砖之间的空隙排入碎石下渗带，既起到了小雨不积水的目的，又利用碎石下渗带消纳了机动车道上的雨水；②道路强度满足重型车辆通行要求，黏砂石透水性差，不会因为雨水下渗对机动车道路基产生不良影响（图4-47）。

机动车道边带透水技术。该技术通过在机动车道与人行道相接处设置1m宽的透水混凝土边带，透水混凝土边带外侧设置导水槽，人行道下建设碎石下渗带，机动车道上透水混凝土与人行道下碎石下渗带通过开孔路沿石连接。最终能够实现：①机动车道雨水通过地面坡度排至透水边带，利用开孔路沿石孔洞排入碎石下渗带，既起到了下雨不积水的目的，又利用碎石下渗带消纳了机动车道上的雨水；②道路强度满足重型车辆通行要求。

图4-47 道路整体透水路面实景图

4.4.7 东平干道改造项目（图4-48）

图4-48 海绵化改造完工后的实景及径流流向示意图

项目位置：遂宁市河东新区

项目规模：25万㎡

竣工时间：2016年3月

建设投资：700万元

1．项目基本情况

进行海绵城市改造的东平大道是遂宁市河东新区主干骨架路网之一，项目为改建项目，道路全长约4187m，宽60m，道路等级为城市主干路，设计时速60km/h。

横断面布置为：60m=8m（人行道）+5m（非机动车道）+5.5m（绿化带）+11.5m（机动车道）5+11.5m（机动车道）+5.5m（绿化带）+5m（非机动车道）+8m（人行道）；东平大道的机动车道横坡为1.5%外倾坡，人行道横坡为2%内倾坡。

2．现状环境

整条道路呈两端高（高程281.0m）中部低（高程278.6m），坝区地势平坦。

表层土主要为人工填土，以粉土为主，含黏性土、卵石、建渣，地面以空地、绿化带、道路、人行道为主，绿化带主要为花坛、空地目前为绿化地，道路为沥青路面、沿线小区前通道广场及人行道均为非透水硬化地面及石材辐射地面，地面透水能力较差，下部土层透水能力强。

平均水位埋深3.0~5.5m，地下水主要由涪江补给，同时主要向涪江排泄，表层土渗透系数K=3.117×10^{-4}~6.112×10^{-4}m/s。

3．市政条件

东平大道在河东一期（建成区）五纵十横路网承担着河东新区南北交通联系的主要功能，在新区发展建设过程中起着非常重要的推动和促进作用。东西向的涪江二桥、三桥与该干道相接，连通新老城区。

沿道路东西两侧分设雨水DN500~700mm主管，分别收集左右幅道路两侧雨水口收集的雨水，汇入横向支路雨水主管排至涪江。新区管网建设年代较近、雨污水分流较为彻底、主管左右幅分设，排水能力较强；且东平干道位于河东东西方向地势最高的中轴线上，从未出现严重积水和内涝。

4．主要问题及解决思路

该道路汇水面积大、汇水速度快，由于雨水的直排、快排给下游管道造成的排水压力较大；主干道车流密集，污染物较其他道路多，地表径流量较大，经市政管网带入河道的污染物也相对较多。

1）项目完成后要达到的控制目标

实现年径流总量控制率达到70%，排水防涝标准达到50年一遇，保证道路积水深度不超过15cm。

2）技术路线

尊重本地特点，结合模拟与评估优化设计，因地制宜进行创新实践的技术路线。

改造思路上确定了"地面少破坏，地下少开挖"的原则。东平干道建成至今只有10年，路面黑化改造完成不到3年，且排水条件较好、又无严重积水和内涝情况，如果为了实现地表径流控制目标就对其实施大开大挖，一方面会产生较大的工程量（开挖量、设施量、恢复量）、较长的工期，较高的造价，另一方面也会给群众的交通出行生产生活带来不便和干扰、甚至引发社会舆论争议，这对刚刚启动的海绵城市建设试点无疑会造成不良影响。于是采取了遵循既定设计目标，但是放弃了提升雨篦井盖和重埋雨水管网等深挖深埋伤筋动骨做大手术式的改造方式，结合现场条件，充分利用既有道路横坡，将机动车道半幅路面径流雨水，经侧分绿化带下增设的浅表通道引致非机动车道内，再通过非机动车道雨水口的简化改造，使得雨水先进海绵体尽量消纳后余水再外排到市政管网，有效实现道路径流雨水的有效截留和控制，以不破车道、少动绿化、浅挖浅埋的微创手术式改造达到预期控制目标。

4.4.8 明月河黑臭水体治理项目（图4-49、图4-50）

图4-49 明月河远景

图4-50 完工后的岸堤实景

项目位置：遂宁市老城区

流域面积：16.3km²

竣工时间：2017年10月

建设投资：9958万元

1．现状及问题分析

1）遂宁市水系概况

遂宁市位于长江一级支流嘉陵江水系涪江流域，境内主要有涪江、琼江、郪江、梓江等大小溪河700多条，总长3704km，江河密度达0.69km/km²。中心城区水系以涪江为干流，流域面积较大的支流有芝溪河、新桥河、明月河、联盟河、开善河和琼江（图4-51）。

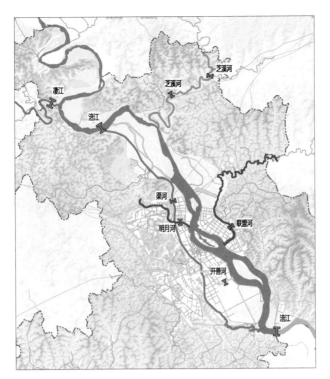

	II类水质水系
	III类水质水系
	IV类水质水系
	V类水质水系
	劣V类水质水系
	水质监测断面

图4-51 遂宁市中心城区水系图

2）明月河概况

明月河为涪江右岸支流，发源于遂宁市船山区新桥镇以南山麓，大致流向自西向东，在通德大桥下游约220m处汇入涪江。明月河干流全长8.53km，全流域面积16.3km²；河口多年平均流量0.13m³/s，多年平均来水量408万m³。

2．污染成因

1）污水直接排河

明月河沿线区域内建筑、小区排水系统不健全，周边有大量污水直排进入明月河，沿线有大量的污水直排口。

2）雨污合流管道混接

雨污管网系统不完善，多处存在雨污管网错接的情况，污水进入雨水管道后随雨水排入明月河，对明月河造成污染；雨水进入污水后，由于污水管过流能力有限，造成大量雨污水溢流至河流，也对明月河造成污染。

3）初期雨水面源污染

遂州北路、滨江北路等道路雨水管道直接排入明月河，未对初期雨水进行处理，初期雨水携带污染物进入明月河。

4）泵站污水溢流

明月河沿岸有体育馆和凯丽滨江2座污水提升泵站，由于泵站水泵和闸门年久失修，暴雨时水泵提升能力不足，导致雨污水溢流排入明月河。

5）沿岸生活垃圾倾倒

明月河沿岸居民将大量生活垃圾直接倒入明月河。

6）三面光现象严重，水体生态严重退化

明月河两岸由于历史原因，被建筑物压占，两侧及底部均为水泥砌筑，地势平坦，加之下游涪江水位上涨，水流速度缓慢，河道淤积严重，上游补充新鲜水少，沿岸生态环境严重恶化。

3.治理方案

1）沿岸截污，实施雨污分流

分析明月河汇水区域内雨污水管道现状，划分排水区域；分析各排水分区分流制改造的可行性。根据现状雨污水管网情况，将明月河汇流区域划分为5个排水分区，分别为广灵街以北、广灵街至鸿发东街、鸿发东街至明月河、明月河至嘉禾下街、嘉禾下街以南。根据管网现状，实施雨污分流改造。

2）建设调蓄池，降低合流制溢流及初雨污染

在明月河两岸，利用原有绿地空间建设调蓄池，降低难以彻底雨污分流区域合流管道的制溢流污染及初期初雨污染。晴天时，合流制管道的污水直接排放到污水处理厂处理。降雨初期，调蓄池进水；降雨来临时，在保证污水处理厂最大处理量的情况下，一部分混合污水进入污水处理厂进行处理，剩余的污水进入到初雨调蓄池中蓄积。当初雨调蓄池蓄满，降雨继续进行，缓冲池的水位会继续上升，后期雨水通过在线雨水调蓄池，经过水力颗粒分离器处理沉淀后，上清液溢流到自然水体。暴雨时，初期雨水池已蓄满水而且在线雨水调蓄池满负荷运行时，来不及排走的雨水经过应急行洪廊道直接排放到自然水体。晴天时，当缓冲池流量小于污水处理厂的最大处理量时，潜污泵开始将初雨调蓄池的雨水抽到缓冲池，通过管道排放到污水处理厂进行处理。调蓄池内的沉积物可以通过智能喷射器进行冲洗。冲洗后的污水通过潜污泵排放到污水处理厂处理。

3）生态驳岸建设

结合席吴二洲湿地公园景观建设，建设生态驳岸，形成多功能景观公园，提高河道自净功能（图4-52）。

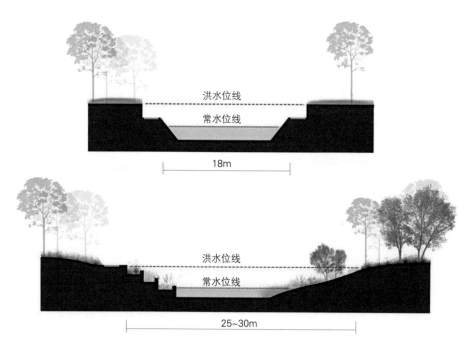

图4-52 明月河出口堤岸改造前后对比图

4.其他措施

针对明月河沿岸泵站河道淤积严重、雨污水溢流、水流速度缓慢等问题，本项目需要通过疏浚船进行清淤疏浚，修缮沿岸泵站，从涪江引入部分活水用于提升明月河水质。

4.4.9　老城区复丰巷老旧小区内涝改造项目（图4-53、图4-54）

图4-53　昔日逢雨必涝的小区实现了"路平、水通、灯亮、景美"

图4-54　经过海绵化综合梳理改造后的小区道路

项目位置：遂宁市老城区

项目规模：0.26hm²

竣工时间：2016年6月

建设投资：110万元

1．现状及问题分析

1）区域排水现状及存在的问题

复丰巷小区位于遂宁市老城区中部，涪江右岸，所在雨水分区的汇水面积为48.7hm²，区域东西地势为西高东低，高差约1.5m，地面平均坡度0.5%；南北地势为两头高中间低，高差约1m，地面平均坡度约0.3%。该雨水分区有3处低洼点，分别位于中通公司小区、船山区工会和复丰巷小区内，最低点位于复丰巷小区内，地面高程为277.5m。

现状排水分区内，存在两条主要的排水通道，分别位于区域西侧和南侧，为雨污合流暗渠。排水分区末端现状是沙坝排涝站，排涝站排水能力为1.5m³/s。排水分区出口位于涪江右岸，雨水最终汇入涪江，涪江30年一遇洪水位为277.8m，暗渠排水口底高程为275.5m，沙坝排涝站排水口底高程279m。

复丰巷排水分区存在以下排水问题：

（1）现状部分雨水管道排水能力不能满足雨水管道设计重现期5年的要求，该区域也无法满足内涝防治设计重现期30年的标准。

（2）区域内两条排水暗渠均为砖砌结构，且为雨污合流制，长期污水过流造成暗渠淤积严重，降低了暗渠的过流能力。且当暴雨来临时，会导致污水溢流至涪江，给涪江造成较大的污染。

（3）排水分区内有3处地势低洼点，其地面高程均低于涪江30年一遇水位，由于现状内涝点雨水与高水混合排放，当涪江水位较高时，雨水管在涪江水顶托作用下排水能力骤减，同时可能造成出口雨水倒灌至低洼点，加重内涝点险情，原排水系统及排涝站均未考虑低水的有效排放问题，易形成内涝。

2）复丰巷小区排水现状及存在的问题

复丰巷小区位于其排水分区的末端，地势低洼，最低点地面高程为277.5m，小区周边路面高程为279m以上。改造前，复丰巷小区道路采用硬质混凝土路面，路面破损严重，高低起伏，极易积水。小区内部的雨水主要是通过雨污合流管排入排水暗渠（图4-55）。

根据对复丰巷小区调查、分析，复丰巷小区内涝成因主要有以下4点：

（1）小区排水系统混乱，排水设施陈旧，且为雨、污合流制。现状排水管道（$D300$，过流能力0.05m³/s）过流能力严重不足。

（2）小区屋面排水通过立管接入市政排水系统，但由于市政排水系统排水能力不足，且部分立管并未接入排水井内，下雨时，屋面雨水直接排至小区路面上，同时由于老旧小区路面破损严重，无有序的路面排水坡度和雨水收集系统，造成屋面雨水在居民的门前屋后肆意漫溢。

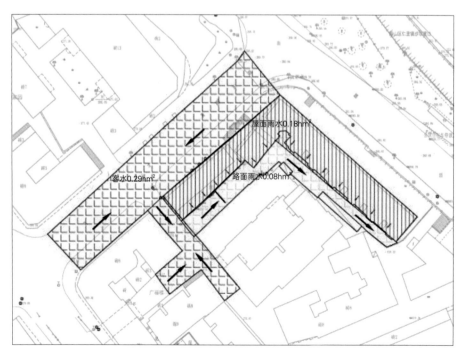

图4-55 复丰巷小区排水组织关系图

（3）小区地势低洼，且无有效的截水措施，周边高区大量雨水汇入。复丰巷最低点地面高程为277.5m左右，周边地面高程为279m以上，小区低于周边地面1.5m以上，暴雨时，有约0.29hm²的高区雨水通过地面径流汇入小区内部。

（4）排水管道出口管底高程为276.1m，且出口位于主雨污合流制排水暗渠的溢流墙（墙顶高程为276.2m）墙前，下雨时，主排水暗渠内雨水漫过溢流墙排入涪江，由于排水管道出口高程较低，受暗渠内雨水的顶托作用，排水管道排水受阻，当涪江水位较高时，排水暗渠出口排水不畅，甚至存在倒灌至小区内的情况，造成了较严重的内涝现象。

除内涝问题外，复丰巷和很多老旧小区一样，存在设施陈旧，道路破损严重，自行车雨棚等小区设施常年失修，休憩场所缺失等问题，小区环境总体较差，居民改造意愿强烈。

2．改造方案

1）解决排水出路问题

采用高水高排、低水低排的治理措施。高水直接排入涪江，低水在涪江水位较低时，直接排入主暗渠，最终流入涪江；涪江水位较高时，为避免倒灌，低水管道出口设拍门自动关闭，将低水引入排涝泵站，经提升后排入涪江。

根据区域地形条件和排水计算，本排水分区中通公司小区、船山区工会和复丰巷小区3处低水均相距不远，在不考虑高区地面径流汇入的情况下，其汇水面积分别为：0.38hm²、0.31hm²和0.26hm²，5年一遇重现期流量分别为：0.15m³/s、0.12m³/s、0.08m³/s，通过管道将3个低洼区域雨水单独收集，汇合后排入现状排涝站，汇合后总流量为0.35m³/s，现状排涝站排涝能力为1.5m³/s，可满足内涝点排涝需求。

2）解决管道排水能力问题

（1）区域管道改造

改造排水支管，提高各区域雨水的快速排放能力，避免源头积水。将管道重现期小于5年的排水支管管径加大，或局部增设支管，满足管道设计重现期5年的要求。

（2）小区内排水管沟改造

①暴雨流量计算

复丰巷区域雨水来源分为三部分，一是高区地面径流雨水汇入，其汇水面积为0.29hm²；二是屋面雨水，其汇水面积为0.18hm²；三是路面雨水，其汇水面积为0.08hm²。根据雨水来源计算小区暴雨流量如下：高区地面径流雨水汇入流量为0.1m³/s；屋面流量为0.056m³/s；小区路面流量0.024m³/s。若当客水拦截，片区末端总流量为0.08m³/s。

②管沟改造

根据小区特点和流量计算结果，在复丰巷小区内新建消能井收纳和缓冲屋面雨水，在小区道路边新建排水沟渠，以便快速排出区域汇水（图4-56）。

3）拦截客水

高区地面径流雨水进入小区的主通道位于小区入口，在复丰巷小区入口处设置截水沟，拦截周边高区地面径流雨水，避免客水汇入小区。

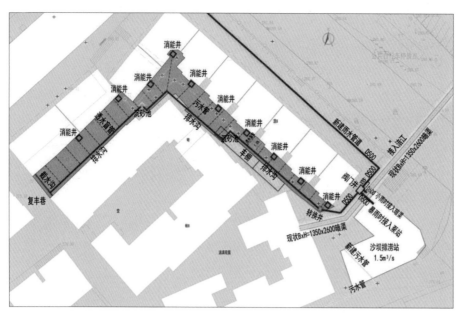

图4-56 复丰巷小区内涝治理平面图

4）小区道路下垫面改造

将普通混凝土路面改造为透水混凝土路面，通过使雨水下渗来提升小雨时路面干燥度，同时削减大雨时排水沟渠的排涝压力。具体工程措施如下：

（1）在不影响周边房屋的情况下，提高小区路面高程，以便提高排水边沟出口高程及减少项目开挖深度。

（2）小区径流控制量为31.3m³（$V=10H\psi F=10\times14.2\text{mm}\times0.85\times0.26\text{hm}^2$），透水路面面积为800m²，路面面层以下铺设40cm碎石垫层用于蓄水，碎石层的体积为320m³，碎石按25%的孔隙率考虑，可以控制的雨量为80m³，满足60%年径流总量控制率要求，设计降雨量为14.2mm，相当于1年一遇12min降雨量。超出设计降雨量对应的径流控制量的径流雨水，通过透水盲管排入排水边沟（图4-57）。

5）实施雨污分流，完善排水体系

原DN300雨污合流管改造为污水管，同时将管径扩大为DN400，末端接入本片区已雨污分流的污水干管中（图4-58）。

图4-57 道路改造断面图

图4-58 屋面雨水改造设计图

6）小区环境改造

采用"海绵+*n*"的改造理念，对小区陈旧设施进行改造，改造老年活动中心、停车棚共170m²，修缮小区门卫值班室、危墙及花池，改善小区的居住环境。

3．建成效果

1）提高排水能力

通过重新调整雨水排放主干系统路由，放大局部"卡脖子"段管渠，消除管道逆坡排水问题和提高能力不足管段规格等措施，经模型分析，最终实现在5年一遇降雨重现期下，排水分区内节点无涝水现象，承压排水管道比例显著降低，实现管网设计重现期不低于5年一遇的标准。

2）建成效果检验

小区自建成以后，已经经受住了2016年7月13日、7月18日、8月6日三次强降雨的检验，最大1h降雨量分别为51.5mm、76.8mm、42.8mm，24小时降雨量分别为96.9mm、177.4mm、48.0mm，其中7月18日的降雨量已经超过管道3年一遇重现期的排水要求。

3）老百姓满意

海绵综合改造改善小区整体环境，完善了小区功能。小区路平、水畅、灯亮，景美，让老百姓真正感受到了海绵城市建设给百姓带来的变化。2016年6月19日，居民自发出资摆了17桌坝坝宴共同庆贺和感恩，还制作了两面锦旗，于2016年6月20日上午派出小区推选的6名代表一行专程送到市住建局及市政管理处以示感谢。

第 5 章

西部欠发达地区
特色经验与典型做法

建设经验：坚持生态与民生，深挖海绵内涵

《国务院办公厅关于保持基础设施领域补短板力度的指导意见》（国办发〔2018〕101号）明确指出：补短板是深化供给侧结构性改革的重点任务。而且要坚持"以习近平新时代中国特色社会主义思想为指导，全面贯彻党的十九大和十九届二中、三中全会精神，坚持稳中求进工作总基调，坚持以供给侧结构性改革为主线，围绕全面建成小康社会目标和高质量发展要求，坚持既不过度依赖投资也不能不要投资、防止大起大落的原则，聚焦关键领域和薄弱环节，保持基础设施领域补短板力度，进一步完善基础设施和公共服务，提升基础设施供给质量，更好发挥有效投资对优化供给结构的关键性作用，保持经济平稳健康发展"为指导思想。其中，长江经济带发展等重大战略，污染防治、生态环保、公共服务、城乡基础设施、棚户区改造等领域都是短板的焦点。

遂宁市属我国西部欠发达地区，是长江上游重要生态屏障，生态保护责任重大，但城市基础设施建设短板现象突出，在资金、人才、技术等要素保障方面极度缺乏，如何补齐建设短板，解决要素保障，实现生态保护的目标，是遂宁在海绵城市建设试点过程中面临的主要问题。为此，遂宁市积极探索、大胆创新，摸索出了一套西部欠发达地区"少花钱，多办事"的海绵城市建设经验和做法，为在更大范围实施海绵城市建设提供了蓝图和样本。

5.1.1 从生态文明出发，建设海绵城市

建设美丽中国！这是习近平总书记在党的十九大报告中对全党提出的奋斗目标之一、新时代中国特色社会主义思想的重要组成部分，更是全球生态治理的"中国强音"："我们要建设的现代化是人与自然和谐共生的现代化，既要创造更多物质财富和精神财富以满足人民日益增长的美好生活需要，也要提供更多优质生态产品以满足人民日益增长的优美生态环境需要。"因为，建设生态文明不仅是"中华民族永续发展的千年大计"，也是在"积极参与全球治理体系改革和建设，不断贡献中国智慧和力量"、"为全球生态安全作出贡献"。

何为新时代的"美丽中国"？在新时代中国特色社会主义思想指引下，形成节约资源和保护环境的空间格局、产业结构、生产方式、生活方式，最终实现人与自然和谐共生的现代化强国。"人与自然和谐共生"，这也正是习近平总书记在

十九大报告中强调"人与自然是生命共同体，人类必须尊重自然、顺应自然、保护自然"的关键所在。因此，建设美丽中国，首先必须从理念的认知高度认清人与自然的关系：人与自然是生命共同体。人类只有遵循自然规律才能有效防止在开发利用自然上走弯路，人类对大自然的伤害最终会伤及人类自身，这是无法抗拒的规律。其实，习近平总书记早在2017年5月26日中共中央政治局就推动形成绿色发展方式和生活方式进行第四十一次集体学习时就明确指出"推动形成绿色发展方式和生活方式，是发展观的一场深刻革命"，"要坚持和贯彻新发展理念，正确处理经济发展和生态环境保护的关系，像保护眼睛一样保护生态环境，像对待生命一样对待生态环境"，"让良好生态环境成为人民生活的增长点、成为经济社会持续健康发展的支撑点、成为展现我国良好形象的发力点，让中华大地天更蓝、山更绿、水更清、环境更优美"。而强调"自然积存、自然渗透、自然净化"的海绵城市建设则与习近平总书记的一系列讲话精神一脉相承，也因此萌发出强劲的生命力。

"让城市在绿水青山中自然生长！"这是遂宁市通过国家海绵城市试点建设，因地制宜创新探索的最新成果的全面总结。其背后是一条中国西部丘陵地区建设海绵城市的道路，是可复制、可推广的人与自然和谐发展之路。在"一江七河两山四岛"的生态格局之下，尊重自然、道法自然，科学运作，保护大格局、修复小斑块，综合改造老城区、微创改造次新城区、科学管控待建城区。

5.1.2 从民生福祉出发，建设海绵城市

习近平总书记强调，"民之所盼，政之所向。增进民生福祉是发展的根本目的。做民生工作，首先要有为民情怀。要多谋民生之利、多解民生之忧，在发展中补齐民生短板、促进社会公平正义。"遂宁的海绵城市建设始终把民心所向放在突出位置，既实现"小雨不积水、大雨不内涝、水体不黑臭"的海绵目标，也一并实现"路平、灯亮、水通、景美"的民生目标。遂宁的"海绵"绝不单单"为海绵而海绵，为验收而海绵"，而是时刻谨记民生需求，综合施策，力求"一次海绵化改造，达到多个目标"的建设目的。

习近平总书记强调："民生工作面广量大，要有坚持不懈的韧劲，一件接着一件办，不要贪多嚼不烂，不要狗熊掰棒子，眼大肚子小。我们要一诺千金，说到就要做到。务求扎实，开空头支票不行。"遂宁市海绵城市建设，将习近平总书记的这一指示精神充分地应用到了实践探索中，在增强民生福祉的过程中，始终坚持"应诺则诺，一诺千金"的服务原则。2015年，遂宁市在海绵城市建设试点方案中，提出了对2.4km²的老旧城区实施海绵化改造。作为一种全新的城市发展理念和方式，试点之初，"海绵"进小区，尤其是老旧小区，困难重重，这也是各试点城市普遍存在的问题，属于海绵城市建设试点的"通病"。面对质疑与拒绝的声音，遂宁市的领导班子和各级干部没有轻易放弃，反而是迎难而上，一个问题一个问题的解决，一块骨头一块骨头地啃，如期实现了当

初改造老旧城区的诺言。2016年，遂宁市政府决定，对老旧城区试点区范围外区域逐步实施"城市双修"及海绵化综合改造，截至目前，盐关街片区已改造完毕，居民生活条件大为改善。镇江寺片区已进入施工阶段，预计2019年8月全面完工。

习近平总书记强调"要发挥社会各方面作用，激发全社会活力，群众的事同群众多商量，大家的事人人参与"。遂宁市的海绵城市建设充分尊重老百姓意愿，尤其是"海绵"进小区的项目，在项目立项、设计、施工等阶段，充分与市民沟通，征询当事人的意见。关于路面改造、环境整治等老百姓最为关切的内容，以及如何降低施工期间对市民日常生活造成的干扰等方面，反复征求市民意见，把工作做在前面，充分体现政府执政为民的服务意识。

5.1.3　对症三类区域，分类推进

遂宁市海绵城市试点建设坚持"问题导向，民生优先，公众参与，改善人居"的总体方向。海绵城市建设涉及大量城市基础设施，尤其是对建成小区的改造，施工期间难免造成居民停车难、出行难、噪声污染甚至会阶段性地影响到家庭水、电、气的正常使用，加上众口难调，改造初期时常遭到居民的反对甚至阻挠。为争取群众发自肺腑的理解和支持，顺利推进项目改造，取得预期的效果，遂宁市海绵城市建设者们凭借"好事多磨"的韧性迎难而上，紧密对接群众需求，悉心听取群众意见，深入基层、放下身段，虚心向人民群众请教——坚持"问需于民、问计于民、问效于民"，让人民群众在改造中当家做主，在建设中多得实惠。按照"分类实施，一处一案"的思路，坚持"打造让群众感受得到的海绵城市"这一理念，同步征询并解决群众反映强烈、长期影响居民生活出行的民生问题。海绵城市建设完成后，项目取得了内涝消除、积水减少的成效，加上居住环境的大幅改善，从而赢得了群众发自肺腑的对海绵城市建设的大力理解和支持。

1. 老旧城区改造：问题导向，综合改造

遂宁市针对建设年代比较久远的老旧小区，以解决积水内涝、配套不足、设施老化、雨污合流、水体黑臭等问题为突破口，推进城乡环境综合治理，突出海绵城市建设的"民生工程"实效，借"海绵"东风、补民生短板。采取的主要措施有以下几方面：

（1）通过现场的认真勘察、深入走访调研，摸清问题所在，民生所需。像嘉禾片区、盐关街片区、复丰巷片区、镇江寺片区等区域，由于受当时的财力、技术、设计、管理等因素的制约，普遍存在道路破损严重、雨污合流、生命通道不畅（消防、救护）、停车位不足、绿化景观破败、积水内涝严重、管理秩序混乱等饱受群众抱怨的情况和现象，多次踏勘、走访，吃透现状，科学编制改造方案。

（2）通过社区的基层宣传、列出治理清单，回应民生关切，公示方案。针对排查出的问题，拟定项目改造方案，公开征询小区居民意见，提高居民的参与积极性、消除误解与顾虑，赢得居民支持。方案把海绵化改造与民生改善密切结合：有

民生问题要解决的地方，就是海绵设施可布置的地方。小区的海绵化改造方案，同时也是环境整体提升方案。

（3）通过施工的精雕细琢，展示改造成效，产生示范效应，从而赢得群众支持。对混入了厨、卫、阳台污水的雨落水管，采取老管顶部断接（屋面雨水不再接入）、底部改接进入污水管，另换新管排雨水的措施，解决了以前污水进入散水沟造成房屋周边环境污染的现象。地下管网雨污合流的污染环境问题，则通过清掏、排查、重新修建雨水边沟等措施，实现雨污分流。沿着小区道路和建筑周边雨水边沟或管道的排水路径，应居民要求，需要翻修道路、排除内涝、增加车位、打通生命通道、提升绿化，则沿途布置透水地面、碎石渗透带、雨水调蓄池、下沉式绿地、雨水花园、雨水溢流通道等海绵设施，从而实现雨水先进海绵体进行消纳，再排往市政管网的海绵化改造要求，同时也将居民改善居住环境的民生愿望变成现实，真正实现了"路平、水通、灯亮、景美"的建设目标（图5-1）。

遂宁市通过一系列坚持民生优先的海绵化改造措施，使得老旧小区焕然一新。首批老旧小区项目改造完成后，小区居民对党和政府通过海绵化改造务实为民的举措赞誉有加。正是通过这种"眼见为实"的示范效果，让其他小区居民的态度很快从"观望"转向"欢迎"，从而成功地把国家自上而下倡导的海绵城市生态理念转换成群众自下而上积极参与的民生需求。这小小的一次顺序变化，却是找准了海绵城市建设国家战略顺利推行的关键突破口。小区居民这一观念上的转变，也充分印证了习近平总书记指出的"让老百姓过上好日子是我们一切工作的出发点和落脚点"的重要性和科学性。

2. 次新城区改造：问题目标双导向，"微创"改造

遂宁市海绵城市建设试点区内新城区主要位于河东新区。河东新区始建于2002年，一期初步建成，二期则在建设中。面对河东新区一期大量小区、道路刚建成不久、主体功能完好的局面，遂宁市采取了"微创"海绵化改造技术。在不扰民、不大拆大建的前提下，通过一系列精巧构思实现"海绵功能"的植入。

遂宁市针对年代较近的新建成小区环境及设施设备较好，而且部分小区受大面积地下室影响，海绵化改造受到一定制约，改造难度比较大、不宜大动的情况，坚持问题目标双导向、对症下药，以"微创手术"为主实施海绵化改造。针对这一类小区在借鉴老旧小区征询社区居民意见基础上，将老旧小区全面提升居住环境的改造方案，调整为新建成小区"有的放矢"的局部改造方案。

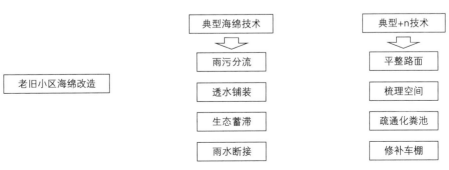

图5-1 遂宁典型"海绵+n"技术体系

对屋面雨水，主要采取雨水断接、场内竖向微调等方式，将雨水引至小区周边开敞空间，设置下沉式绿地或雨水调蓄池等海绵设施进行消纳，减少改造对居民日常生活造成的影响。对路面雨水径流，则结合居民提出的道路破损、湿滑、积水问题，采取更换透水铺装的方式予以解决。对发现的雨污错接、混接引起的雨污混流问题，则采取改接纠正措施。

如紫竹美庭小区，该小区于2014年建成，内部设施功能完好，且地下室占比较高，不适宜在小区内进行大规模改造。但该小区北侧市政道路人行道及绿化带空间较大，适宜将小区海绵化改造与市政道路海绵化改造统筹实施。因此，该小区仅对其雨水出流口进行改造，在保证大雨溢流顺畅情况下，在原雨水出口设挡堰，将小区雨水导入市政公共空间，并设置植草沟、碎石渗透带、雨水调蓄设施实施净化、储存、渗透，以满足小区径流控制要求（图5-2）。如此一来，项目既实现了海绵化改造的目标，也未对小区内部造成较大影响。

又如商住相连的书香美邸小区，存在商业餐饮排污私搭乱接排入小区雨水管网的问题，项目在改造中便特意增设了隔油池和污水管道进行分离。石材地面易长青苔，雨天湿滑，老人和儿童经常摔倒，改造中分别采用透水沥青、彩色透水混凝土更新地面铺装，实现了小雨不积水的效果。对屋面雨水，通过梳理散水边沟，将直排入雨水井的边沟底部出口改成上部溢流，将边沟底部排口与道路边沟相连，接入小区内景观水池，利用景观水池富余的20cm深度作为雨水调蓄空间，实现了雨水径流总量控制目标，同时节约了景观水池的自来水用量，取得了一举两得的效果。

3. 拟建城区：目标导向，落实管控

遂宁市针对拟建小区，主要通过市海绵办在理念、技术、造价等方面对建设单位、施工单位进行咨询引导和培训，重点是提供优质的技术咨询和现场指导服务，提高他们对海绵城市建设的理念认知和专业技术知识。

一般来说，新建小区建筑占地面积、道路场地面积、绿地面积基本各占1/3。按海绵城市建设原理，雨水消纳路径组织为：雨水管、消能井或透水路面→植草沟→雨水花园→小区管网→市政管网。

具体措施：①室外地面铺装全透水，地面地表径流控制即可达标。如消防通道采用透水沥青、小路采用透水砖、活动场地采用透水混凝土+透水塑胶。但需注意透水铺装应该尽量采用真透水构造，从上到下至少保证30~40cm的透水结构层（透水铺装面层+透水垫层+碎石蓄水层）。若为假透水，则应保证透水层中的水可及时排往其他蓄水空间，不得滞留在透水铺装面层中。②绿化区域尽量多做下沉式绿地（面积一般不少于50%，如雨水花园、旱溪等），建筑散水与道路周边可设传输型植草沟，深度一般8~10cm，接入雨水花园，深度30~50cm，彼此串联，形成整体，有助于雨水调蓄共同分担。③屋面雨水管先接入蓄水罐或植草沟，出水口可设置卵石带消能防冲，雨水经植草沟导入下沉式绿地消纳吸收。④下沉式绿地等海绵设施消纳不完的超标雨水，可通过散水边沟或道路周边排水管网溢流排放至小区外市政管。溢流标高比周边道路低2~5cm。

新建的海绵小区与传统做法小区相比，造价几乎没有增加（以联福家园为例，项目总投资2.7亿元，海绵城市建设方式投资仅增加35万元，增加1.3‰，同时小区

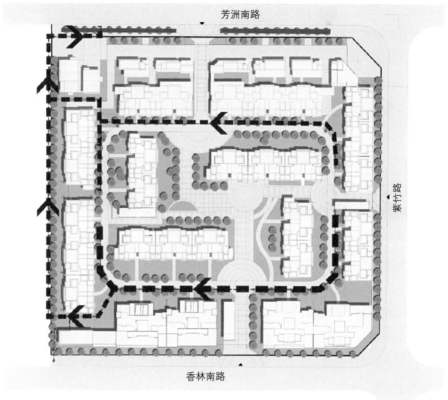

芳洲南路

紫竹路

香林南路

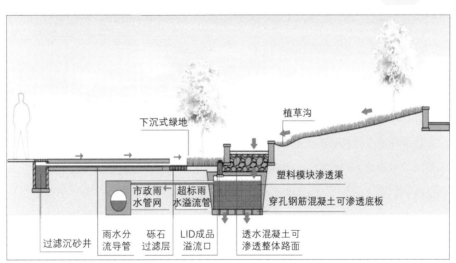

下沉式绿地

植草沟

塑料模块渗透渠

穿孔钢筋混凝土可渗透底板

市政雨水管网

超标雨水溢流管

过滤沉砂井

雨水分流导管

砾石过滤层

LID成品溢流口

透水混凝土可渗透整体路面

图5-2　紫竹美庭小区低影响改造示意

管网重现期得以提高），但雨天出行的舒适度、安全度却得到了极大改善。不仅全面提升了居民的安全感、幸福感、获得感，对当前老龄化、儿童较多的社区更是格外适用。

新建道路：坚持"先规划、后建设"原则，直接排放改间接排放。道路实施前，路面及其附属设施均经过反复论证，市政雨污水管网全部分流，部分道路综合管廊与海绵设施同步建设，有效防止了"马路拉链"现象。根据道路年径流总量控制率要求，分别建设溢流式雨水口、下沉式绿地等设施，保证道路径流控制达标。相对于传统道路雨水直接经由灰色管网排放，新建道路海绵做法则转变为雨水先进下沉式绿地、碎石渗透带等海绵设施消纳后再行排放。

如三块板的道路（以东湖路为例）：车行道雨水经开口路缘石流入侧分带的下

沉式绿地，消纳不了的从另一侧开口路缘石经辅道和人行道开口路缘石进入人行道的下沉式绿地内，该绿地与人行道下碎石海绵体连通，可以对雨水进行消纳。超过控制量的雨水，通过溢流井排入市政管网。新建道路一般要求人行道尽量采用透水铺装，下设碎石渗透带。行道树不再像传统方式独立栽植，而是采取多棵连成整体绿带，以便设置下沉式绿地。取消路面传统雨箅子，将雨水口移至绿化带内，直排改为溢流方式。

新建公园、广场：实施前统一谋划，将其融入汇水分区及排水分区，充分发挥开敞空间作用，分担周边区域径流指标。

城市广场：采用整体式透水路面，使其成为"小雨不湿鞋、大雨不积水"的公共街区。全透水铺装的海绵化市政广场，面层采用仿石材透水砖、彩色透水混凝土铺装（也可采用非透水石材预留缝隙的结构透水），结构上自上而下整体透水，海绵体平均厚度1.0~1.2m。透水砖广场除了消纳自身场地雨水，还可收纳周边小区和道路导入的雨水。超大体量的海绵容积，为该片区应对极端天气提供了足够调蓄空间。且充分利用当地特殊的砂性土质和地下天然砂砾石地质条件，收集的雨水可以及时下渗回补地下水，避免了钢筋混凝土灰色调蓄池水质容易变臭和高成本的维护运行。仿花岗石透水砖铺装结构，自下而上为原始路基、50cm连砂石垫层、30cm碎石层、20cm透水混凝土垫层、4cm由瓜子石—中粗砂—水泥按1：1：0.05比例配合成的透水找平层、6cm透水砖铺装。停车区和非停车区采用小砖与大砖区分，以应对目前透水砖抗折强度偏弱的短板。沿途景观采用局部下沉式绿地，铺装与绿地之间设植草沟，辅以渗透溢流井，兼具景观与收水、排水功能。

公园绿地：坚持生态优先兼顾景观。城市公园绿地，包括城市街头绿地、景观水系、滨水湿地等公共空间，是落实海绵城市专项规划蓝线、绿线恢复与保护的重要措施，也是城市生态"大海绵"的主要构架。此类项目的建设，除了要满足自身雨水径流控制指标外，还应充分利用自然生态系统，建设雨水收集利用设施，提高雨水净化、渗透、滞留、调蓄、排放能力，承担周边道路或硬质地面的超标雨水。建设中应遵循以下原则：

（1）地形塑造注意满足自然排水。地形平整处，通过人工建造植草沟、雨水花园、下沉式绿地等海绵措施实现对雨水的传输、滞留和渗透。下部回填碎石，其中埋设开孔盲管，对下渗不了的雨水进行传输。

（2）借用台地高差尽量留住雨水。高差较大处通过层层绿化带滞留净化雨水，最终由雨水花园收集雨水，同时结合覆土式绿色建筑，最大限度地利用高差植入海绵措施。

（3）合理选择生物构建生态体系。道路旁绿化带中，通过种植对道路初期雨水中污染物抗性较强的植物，对道路初期雨水起到净化作用。雨水花园选用旱雨两季长势良好的植物。滨水岸线、湿地净化区，通过近水、挺水、沉水植物，微生物，鱼类，贝类的结合使用，净化雨水及污水，实现自然循环。

（4）水利与景观一体化设计。在满足防洪的前提下，实现岸线柔化、绿化、美化。将原有的防洪堤进行消隐，对线型进行优化，让其与公园融为一体，成为公园的主园路，同时保留原有的抢险通道的功能。

（5）滨水岸线回归自然顺势而为。顺应河流进行竖向设计和平面布局，形成地形起伏的生态防洪堤，构建人工环境和自然山水格局有机结合的城市景观风貌系统。通过模拟自然特征，形成多样化的水岸形式，恢复漫滩湿地，由截弯取直到湖岸蜿蜒，顺应自然，达到"生态、亲水、活力"的基本要求。

工程技术经验：坚持"小、巧、省、适用"，探索"四项创新"

5.2.1 "微创"型雨水口改造

主要特点：低影响、少投入、高效率、易维护。

遂宁市对现状路面完整、完全满足车辆通行要求、不宜整体改造的道路（试点区河东新区大量存在），实施"微创"改造。在不破路面、不中断交通前提下，结合道路人行道、绿化带等空间实施海绵化改造。部分径流消纳空间不足的道路则考虑接入附近公园绿地实施消纳。

以东平干道海绵化改造为例，东平干道雨水有接入附近绿地广场、街边绿地、人行道消纳三种模式。其原理均为对既有雨水口实施"微创"改造，目前该技术已获得国家实用新型专利证书（图5-3）。雨水通过改造后的雨水口先进入碎石渗透带、下沉式绿地等消纳设施，超过设计降雨量时再溢流进入市政管网，由此实现径流控制（图5-4）。

图5-3 "微创"雨水口及专利证书

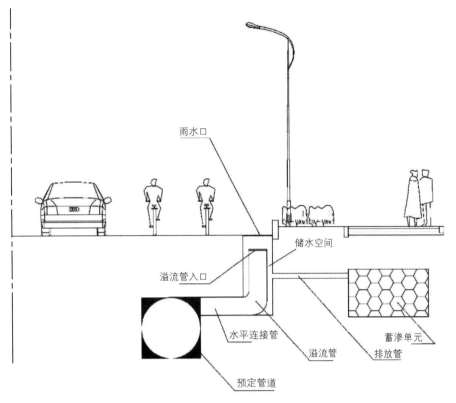

储水空间

溢流管入口

水平连接管

蓄渗单元

溢流管

排放管

预定管道

图5-4 典型"微创"雨水口改造结构图

5.2.2 道路边带及整体透水技术

主要特点：海绵化改造与道路修复一并完成，将雨水引入道路边带，有效解决路面积水。

1．边带透水混凝土技术

遂宁市在推进海绵城市试点建设过程中，针对车行量较大、荷载较大的次、支道路，探索出了边带透水混凝土道路技术。该技术通过在机动车道与人行道相接处设置1m宽的透水混凝土边带，透水混凝土边带外侧设置导水槽，人行道下建设碎石下渗带，机动车道上透水混凝土与人行道下碎石下渗带通过开孔路缘石连接。

该技术在道路强度满足重型车辆通行要求下，能够实现机动车道雨水通过地面坡度排至透水边带，利用开孔路缘石孔洞排入碎石下渗带，既起到了下雨不积水的目的，又利用碎石下渗带消纳了机动车道上的雨水。

2．整体透水混凝土道路

遂宁市针对车行量较小、荷载较小的支路，采取整体透水混凝土道路技术实施改造。该技术通过在机动车道上透水混凝土下面铺设砂石，人行道下建设碎石下渗带，机动车道上透水混凝土与人行道下碎石下渗带通过多孔砖连接（图5-5）。

该技术在道路强度满足重型车辆通行要求下，能够实现机动车道雨水下渗后，通过多孔砖之间的空隙排入碎石下渗带，既起到了下雨不积水的目的，又利用碎石下渗带消纳了机动车道上的雨水。

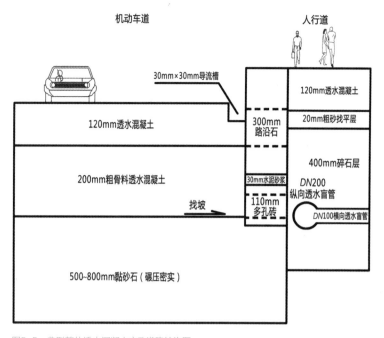

机动车道　　　　　　　　　　　人行道

30mm×30mm导流槽

120mm透水混凝土

20mm粗砂找平层

120mm透水混凝土

300mm
路沿石

400mm碎石层

200mm粗骨料透水混凝土

DN200
纵向透水盲管

30mm水泥砂浆

找坡

110mm
多孔砖

DN100横向透水盲管

500~800mm黏砂石（碾压密实）

图5-5　典型整体透水混凝土市政道路结构图

5.2.3　碎石—钢带波纹管调蓄利用新工艺

主要特点：蓄水量大，造价低，操作灵活，可实现"蓄水—渗透"的转换功能。

钢带波纹管蓄水带是一种利用钢带波纹管空间进行雨水蓄、渗的海绵设施。该设施主要由钢带波纹管、碎石渗透带、检查井组成（图5-6）。结构上，大口径钢带波纹管均匀布局于碎石渗透带之中，并分段设置检查井。该设施充分利用钢带波纹管强度高、蓄水空间大、施工方便的优势，并于钢带波纹管底部设置下渗控制阀，可实现雨水蓄、用、滞的灵活切换。

钢带波纹管蓄水带是遂宁市海绵城市建设试点期间重要技术创新之一，很好地契合了本底特征，在河东新区广泛应用。

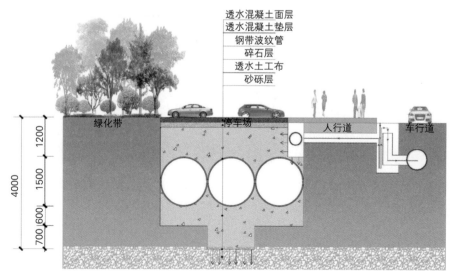

透水混凝土面层
透水混凝土垫层
钢带波纹管
碎石层
透水土工布
砂砾层

绿化带　　　　　　　停车场　　　　　人行道　　　车行道

图5-6　典型钢带波纹管蓄水带结构

5.2.4 "海绵卓筒井"及快渗技术

主要特点：连通地表与地下天然砂石层，实现雨水快速渗透回补地下水。

1．大量使用透水铺装

遂宁市海绵城市建设试点区域内的建成区屋顶面积约占30%，道路广场面积约占40%。传统的建筑屋面及道路广场均为不透水下垫面，雨水被阻隔在可渗透土层之外。

遂宁市的经验主要集中在透水路面。在试点过程中，尝试了透水砖、透水沥青、透水混凝土等新型技术，最终摸索出了"透水混凝土+碎石渗透带"的典型技术。雨水经透水铺装、碎石渗透带逐层下渗，直至深层土壤。实现对地表径流的有效控制和污染的削减，实现了小雨不积水，提高了居民雨天出行的舒适度、安全度。

2．"卓筒井"技术的海绵化应用

遂宁市借鉴本地传统"卓筒井"工艺，创新出一种渗透新技术。通过渗透井将碎石、钢带波纹管等人工"小海绵"与地下天然砂卵石层"大海绵"有效连通，实现初期雨水净化、地下水源涵养、雨水收集利用等目的（图5-7）。

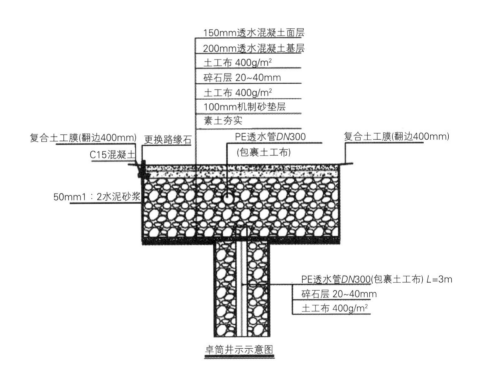

卓筒井示意图

5.3
过程经验：坚持优化完善，推动"四种转变"

遂宁市坚持把创新摆在海绵城市建设的重要位置，因地制宜探索海绵城市建设的核心技术。2015年试点初期，遂宁市对海绵城市概念理解不深不透，不知道怎么推进海绵城市建设，到处找企业来实施，主要依托低影响开发产品供应商实施项目建设，导致出现了供应材料性价比不高，建设不生态、不环保和项目碎片化等一系列问题。为此，2016年初，遂宁市下定决心自己探索，不论是在透水砖、透水沥青、各种透水混凝土等技术层面，还是在管理建设层面，力争走出一条"遂宁路径"、创造一批"遂宁经验"。经过试点探索，成功实现了三个"转变"，由"海绵引入者"转变为"海绵输出者"。

5.3.1 从"碎片化"到"系统化"

2015—2016年初的项目，遂宁市仅注重单个项目的实施，未从系统角度思考片区海绵城市建设。2016年4月，第二次海绵城市年终考核中，考核专家组评价遂宁"工程项目优异，但系统性略不足"。基于此，遂宁市调整方向，重点突破系统性瓶颈。之后，遂宁市积极引进专家团队组织了试点区全覆盖的模型模拟，组织编制了明月河流域、联盟河流域海绵城市建设系统方案、《遂宁市老旧城区雨污分流方案》，修订形成了《遂宁市海绵城市专项规划（2016—2030）（增补）》。由此形成了试点区为重点、全域覆盖的涉及水生态、水安全、水环境、水资源的顶层设计，并付诸实施。

5.3.2 从"定性海绵"到"定量海绵"

大数据时代，缺乏科学的数据支撑，海绵城市建设成效难免大打折扣。遂宁市2015年海绵城市建设试点初期，只是知道海绵设施对雨水污染物有消减作用，具体的消减量只能参考《海绵城市建设技术指南》，径流总量控制率与SS削减率对应关系也不清楚。在试点实施工程中，遂宁市通过对所有排水分区、联福家园等小区径流总量控制率、SS削减率等进行了监测，通过监测数据分析径流总量控制率与SS削减率有一定的关系，得出了年径流总量控制率与SS削减率关系曲线图：当年径流总量控制率介于80%～90%时，SS削减相应为77.9%～92.0%。

5.3.3 从"单一海绵"到"综合海绵"

遂宁市海绵城市建设从2015—2017年，经历了由"为海绵而海绵"到以问题为导向实施全功能海绵城市，从而实现"为民生而海绵"的"1.0版本"到"5.0版本"的循序提升。

1.0版本：仅改造管网解决内涝问题，路面原样恢复，但路面积水和扬尘问题未得到解决，市民投诉较多，后期施工受阻，如老旧城区平安巷改造项目。

2.0版本：管网+透水混凝土恢复，解决了内涝和积水、扬尘问题，但是老旧小区的环境和基本功能问题突出，未得到解决，市民纷纷提出诉求，如支渠巷内涝改造项目。

3.0版本：海绵+"路平、灯亮、水通、景美"，解决了海绵和功能的问题，但天上管网未下地，风貌不美，天上地下不协调，如复丰巷内涝改造项目。

4.0版本：海绵+强弱电下地，解决了海绵、功能和管网下地问题，但房屋立面凌乱，且存在防盗栏、空调栏、外墙瓷砖松动等安全隐患，市民诉求较多，如老政府宿舍海绵改造。

5.0版本：海绵+城市双修，有效解决了海绵、功能、管网下地和建筑风貌问题，真正使市民居住环境更加舒适美丽，如正在实施的镇江寺片区城市"双修"及海绵化改造项目。

5.3.4 从"政府海绵"到"全社会海绵"

遂宁市在海绵城市建设试点之初，海绵城市建设项目全部由政府包办。由于不了解海绵城市建设内涵，又缺乏施工经验，试点初期与老百姓相处并不融洽，甚至还出现部分小区居民阻挠施工的现象。海绵城市试点建设推进过程中，遂宁逐步认识到海绵城市建设必须与老百姓的实际诉求紧密联系在一起。因此，在后续项目实施时，首先征求与项目相关市民的意见，了解诉求，重点解决居民反映强烈的排水防涝、路面破损等问题。涉及植物、空间梳理、车位设置等问题由居民自主决策，在公众参与基础上不断优化方案，提升整体人居环境。在项目实施过程中，承诺完工时限，同时采取错时作业、间插施工和防尘降噪措施，尽量减少对居民生产、生活的影响。2016年6月之后，遂宁还想出了组织其他待改造区域的市民到已改造好的小区进行参观的办法，让市民亲身感受海绵城市建设带来的巨大变化。海绵城市建设的口碑和品牌由此树立起来，赢得了百姓的支持，后续项目推进也更为顺畅。

资金保障经验：坚持开源节流，用好"四方资本"

5.4.1　畅通筹资渠道，保障项目资金

海绵城市试点建设期间，遂宁市分别出台《关于创新投融资机制引导社会资本参与海绵城市项目的通知》（遂财发〔2015〕10号）、《遂宁市海绵城市建设资金使用管理暂行办法》（遂财投〔2015〕63号），完善保障措施，加强资金统筹力度。在加大财政资金投入的同时，积极引导社会资本参与海绵城市项目建设，拓宽海绵城市建设资金渠道。对必须由政府全额出资的非经营性公益项目，由市本级、船山区、市级园区根据投资分担原则，从各级财政安排资金直接投入。资金来源主要为各级公共财政中安排用于城市基础设施建设的资金、土地出让收益（定向财力转移支付）、土地成本中用于基础设施建设的资金、中省财政安排的各类城市建设专项资金和地方政府转贷资金等。有经营收益的公共项目或社会资本有意愿参与投资的其他公共项目，由各级政府引进社会资本与政府合作（PPP模式），采用特许经营、财政补贴等方式，建立政府与社会资本共担机制，由社会资本方先期投入资金实施项目。市区（园区）财政将政府投资建设的项目资金以及后期的运营财政补贴等资金纳入年度预算，分年度落实投入资金。对开发商开发项目实施的海绵城市建设，政府不补贴。截至目前，遂宁市通过中央、省、市三级政府较少的投入，已撬动社会资本105亿元投入海绵城市及其基础设施建设。

遂宁市海绵城市建设政府投入方面，合计13.264亿元。为保障海绵城市项目建设，除用好中央12亿元的补助资金外，争取省级补助资金0.634亿元，从全市有限的财政资金中按照项目需求足额预算，安排了项目资金0.52亿元，对项目融资贴息0.11亿元。

融资支持方面，合计28.5亿元。一是通过发行政府债券2.5亿元；二是积极协调各金融机构为项目提供信贷支持。目前，遂宁市海绵城市建设项目落实融资26亿元，有力保障了项目资金需求。

创新建设运营机制方面。在推进海绵城市项目建设过程中，为提升项目效率、提高项目全生命周期建管水平，遂宁市推出了总投资为69.04亿元的5个海绵城市PPP项目包。

鼓励项目业主自行投资建设方面，政府不补贴。主要理由如下：

（1）按照遂宁市住建局、市规划局《关于开展海绵城市规划建设管控工作的

通知》（遂建发〔2015〕191号）文件：关于全域管控的有关要求，项目建设需按照海绵城市建设的要求实施。加之，城市品位、生态环境对开发建设项目的要求大大提升，项目业主有责任承担生态补偿的义务。特别是近年来政府在城市环境提升方面加大了财政投入，目前，遂宁市中心城区风光秀丽、环境优美，已成功创建全国文明城市、全球绿色城市、国际花园城市、国家卫生城市、中国优秀旅游城市等20余张城市名片，被评为"中国十佳宜居城市"，四川省环境优美示范城市。老百姓对人居环境品质的要求逐步提高，在遂宁市开发建设项目要有好的经济回报，就必须要在环境提升上下功夫，项目业主有责任去承担生态补偿的义务，"谁开发，谁负责"。我们在海绵城市建设中始终坚持企业为主体，以政府的最少投入带来民间的大投入大产出。

（2）根据遂宁市海绵城市建设试点实践，海绵城市建设采用传统的工艺和本地的材料实施，几乎不增加造价。

（3）按海绵要求建设的开发楼盘品质更高，购房者更欢迎，由此也带动了开发商开展海绵城市建设的积极性，将海绵城市建设的要求自觉地融入项目建设中。截至目前，遂宁市通过规划管控方式，督促99个企业投资项目完成了海绵城市建设投资约7.5亿元。

5.4.2　助推PPP模式，撬动社会资本

遂宁市海绵城市建设通过与市政基础设施打包和社会管控项目的实施，总投资达到118亿元，社会资本投入105亿元，社会资本投入占比达到89%。其中PPP模式项目工程包5个，社会资本69.04亿元。有效缓解了遂宁市作为典型的西部欠发达地区的财政资金压力，解决了海绵城市建设资金投入问题。

5.4.3　管好PPP项目，提高资金效益

"推行好、管得住"，是遂宁市实施PPP模式的核心工作。

1．规范程序

遂宁市严格按照PPP模式相关规范性要求，完成了项目物有所值定性评价论证、财政承受能力论证、项目实施方案联审、市政府专题研究会议和常务会议审议、社会资本资格预审、公开招标与中标社会资本公示、中标社会资本公告、项目合同谈判与签订等一系列工作，项目实施程序完全符合规范性要求。避免了项目实施过程中存在暗箱操作、不公平、侵犯其他利益相关者合法权益的可能，项目实施过程和结果能够经得起长期检验。

2．科学打包

遂宁市海绵城市建设PPP模式项目打包坚持三个原则：首先是以排水分区为单元打包。PPP项目要实施绩效付费，为便于明确责任实施考核，必须以一个或多个排水分区为单元打包。其次是以不同项目类型打包。海绵城市建设内容和种类十分复杂，包括市政道路、景观河道、生态整治等不同类型的项目，对社会资本的资金

实力、技术实力和业绩要求非常高，即使允许联合体投标，也很难将具备设计、市政建设施工、园林绿化建设施工和古建筑建设施工的企业集合起来投资建设一个项目，不利于专业社会资本充分发挥其特色优势，也不利于项目的实施。必须将项目分成不同的类型打包。最后是合理确定项目规模。海绵城市建设试点期较短，任务较重，规模较大，必须适度确定打包规模。以遂宁河东新区为例，该区是遂宁海绵城市建设试点的主战场，试点面积21.9km²，占试点总面积的85%。PPP模式项目总投资约44亿元，建设内容包括4种类型，排水分区达23个。

根据上述打包原则，河东新区深入研究后决定将同类型的项目进行打包，最终确定分为一期改造及联盟河水系治理、五彩缤纷北路景观带、仁里古镇和东湖引水入城河湖连通及市政道路4个规模相当的项目包。投资建设和改造内容涵盖住宅小区、市政道路、公园湿地、景观绿地、生态整治/水系治理等多方面，包含了各建设子项目上百个。采取建设—运营—移交（BOT）方式，由社会资本或项目公司承担已建或新建项目投融资、新建/改造、运营、维护等责任，合作期限届满后项目资产及相关权利完好无偿移交给政府方。各项目包的实施重点不同，对社会资本的要求也不同。

3.精选队伍

众所周知，为确保海绵城市建设项目的质量和进度，选择经济技术实力强的PPP投资商显得尤为重要。遂宁市严格按照PPP招标程序，在公平、公正、公开的原则下，聘请有实战经验的PPP咨询机构编制好招标文件，科学合理确定投标条件，在资金实力、设计施工运维资质等方面有较高的要求。同时，在资格预审环节采取查证和实地考察等方式严格审查把关，确保最终参与投标的企业符合要求。项目采购阶段，按照综合评分法选择社会资本，除要求社会资本合理报价以外，还要求投标人制定较为详细的投资建设方案、维护管理方案、产业运营管理方案、移交方案，具备丰富的业绩经验等，从多方面评价社会资本的综合实力，有效防止了低价中标。从项目最终招标结果来看，不同项目包均引入了行业内的优秀社会资本，而由于各项目包中标社会资本在该行业均有丰富的项目实施经验，项目的投标报价在PPP项目中来说也是比较低的（综合投资回报率均未超过7%）。

4.严控投资

项目在可研阶段进行招标，遂宁市针对工程投资控制采取了一系列措施，包括增加业主单位对设计方案、投资预算的审查环节，确保方案优化、节省投资。在项目建设期间，审计部门或政府委托的具有相应资质的其他机构有权对项目资金到位情况、建设进度等进行跟踪审计，监理单位注重材料、设备的选择，避免以次充好，确保工程质量，同时对工程造价、工期等严格把关；各单项工程建设完成后，审计部门或政府委托的具有相应资质的其他机构将对该单项工程总投资进行审计。项目总投资以经审计的实际建成的全部单项工程（因政府方调整项目具体建设内容导致部分单项工程未能实施的除外）竣工财务决算金额为准。对于未能实施的单项工程，政府方无须向项目公司支付任何费用。项目工程结算造价最终按照相关主管部门审定的工程结算总造价与投标人的工程造价下浮率投标报价计算确定。项目的工程造价下浮率按照社会资本投标报价确定。

5．按效付费

遂宁市河东新区海绵城市建设PPP项目4个子项目均采取"股债分离"的方式设计项目回报机制，即将项目投资回报分为社会资本的资本金投资收益、融资还本付息和运营成本及合理利润三部分。其中，社会资本的资本金投资收益，根据社会资本投入的项目资本金和一定的投资收益率确定，社会资本在投标过程中需对资本金投资收益率进行报价，且报价不得高于政府设定的最高限价（从中标结果来看，各子项目包的资本金投资回报率均不超过10%)；融资还本付息，根据项目融资资金的到位时间、金额和社会资本/项目公司的实际融资利率计算，避免社会资本赚取"息差"，社会资本在对融资利率进行报价时应不超过政府限定的合理范围（从中标结果来看，各子项目包的融资利率均在基准利率上浮20%以下)；运营成本及合理利润，由政府科学核定后设定最高限价，社会资本的投标报价不得高于最高限价。如此设计，政府能够清楚每一笔支出的用途，从而做到心中有数。

绩效考核与政府全部支出责任挂钩。4个子项目的绩效考核分为建设期绩效考核和运营期绩效考核，建设期绩效考核和运营期绩效考核得分与政府全部支出责任（含社会资本的资本金投资收益、融资还本付息和运营成本及合理利润）挂钩。换言之，运营期绩效考核不合格或未达到一定分数，不仅需要扣减运营成本及合理利润，还需要扣减含社会资本的资本金投资收益和融资还本付息费用，避免了社会资本"重建设、轻运营"或"重建设、不运营"的情况，真正实现了项目"全生命周期考核"。

创建经验：坚持互促共融，推动"多城联创"

2000年以来，遂宁市以"多城联创"为抓手，推动城市转型升级发展，城市功能不断完善，城市环境不断改善，城市品质不断提升。特别是自2015年成功申报成为全国首批由中央财政支持的海绵城市建设试点以来，遂宁市将海绵城市建设试点与全国水生态文明城市建设试点、国家节水型城市、国家生态园林城市、国家文明城市等创建工作高度衔接，整合资源，统筹推进，起到了"1+1＞2"的效果，形成"多城联创"良好格局。各类创建考核指标相互关联、创建成果互促共享。2015年，遂宁市同步启动的全国第二批水生态文明城市试点建设，以及2018年启动的国家节水型城市、国家生态园林城市创建，对水生态、水资源、水环境、水安全等要求与《海绵城市建设绩效评价与考核指标》相关内容高度契合。通过海绵城市、水生态文明城市试点建设对老旧管网、硬质下垫面进行集中改造，以及大量雨水收集利用设施和园林绿化改造，为节水型城市、生态园林城市的创建奠定了坚实的基础。此外，海绵城市试点建设对水环境的治理、基础设施的完善、城市环境的改善，以及遂宁绿色城市品牌效益的大幅提升，为全国文明城市的创建增添了浓墨重彩的一笔。2017年11月，历经11年磨炼，遂宁市成功入选第五届全国文明城市，终于捧回这张最具含金量的国家级"城市名片"。而全国文明城市创建的经验与成果，必将促进海绵城市、节水型城市、生态园林城市等创建工作持续深化。

第 **6** 章

总结与思考

体会

6.1.1　海绵城市建设是践行绿色发展理念的生动实践，必须坚持"人城融合、道法自然"

在充分尊重城市发展规律基础上，坚持以人民为中心的发展思想，坚持人民城市为人民，通过加强城市规划建设管理，充分发挥建筑、道路和绿地、水系等生态系统对雨水的吸纳、蓄渗和缓释作用，有效控制雨水径流，实现自然积存、自然渗透、自然净化的城市发展方式，是海绵城市建设的本质要求，而坚持绿色生态、尊重自然、"天人合一"、道法自然、永续发展，则是海绵城市建设的本质要求。

遂宁市依托独特的生态环境优势，以海绵城市建设理念坚定绿色发展意识，坚持走生态优先、绿色发展之路，致力推进生态环境保护和修复。海绵城市建设试点建设以来，将海绵城市建设理念充分融入城市发展和各类工程建设之中，坚持低影响设计和低影响开发，全面统筹"大海绵"与"小海绵"建设，在遂宁总规确定的城市规划区1317km²范围内，系统规划"大海绵"格局，通过城市蓝线、绿线的划定，对城市的山、水、林、田、湖等生态要素实施保护和修护。在25.8km²海绵城市建设示范区域内，全面落实"小海绵"建设内容，对建筑小区、市政道路、公园广场等实施源头减排。大、小"海绵"相融相促，让城市更有"弹性"，达到"小雨不积水，大雨不内涝，水体不黑臭，热岛有缓解"的目标，真正实现"城市在青山绿水中自然生长"。

6.1.2　海绵城市建设是推动城市转型的巨大机遇，必须坚持"集中力量干大事"

海绵城市建设时间紧、任务重、专业性强，面对"摸着石头过河"的探索阶段，只有通过精准、高效、规范的要素整合，集中优势资源和力量，才能确保海绵城市建设顺利推进。遂宁市通过落实"一把手"制度，成立海绵办，强化组织领导和部门联动，全面落实规划、住建、财政、水务、环保等20余个职能部门职责，形成合力，干出成效。通过引智育智，强化本土人才储备和培养，引进第三方机构，为项目评估、方案设计、财务融资、成本核算、项目招标等方面提供服务，同时培养本土专业人才，为海绵城市建设持续推进提供足够的智力支持。通过创新投融资模式，多渠道筹集资金118亿元，增强海绵城市建设的造血、输血功能。通过完善技术标准体系，出台《遂宁市海绵城市设计导则（修订）》等7个技术文件，确保海绵城市建设规范化、专业化、精细化实施。

6.1.3 海绵城市建设是实施微创"双修"的城市发展方式，必须坚持"因地制宜攻坚"

海绵城市建设要坚持"只选对的，不选贵的"。每座城市、每个项目都有各自的特点，要坚持因地制宜，低影响开发，体现针对性和差异化，不能照搬照抄。特别是，要结合城市生态本地条件和具体项目实际统筹考虑方案，兼顾功能和景观。要结合本地材料、施工工艺等创新技术和工法，实现经济、实用。要充分深入现场，去感知和领悟现场的肌理，在此基础上方能有创造性的突破。对遂宁市这样典型的西部丘区来说，充分结合本地水文、地质、现场环境条件、社会影响等实际，坚持技术创新，通过现场打样、模拟试验、多方案比对，在雨水口、路缘石进行"微创"改造，在市政道路路面整体透水等方面积极探索，因地制宜创新"四项技术"，获得国家专利2项，既兼顾了生态、安全，又做到了经济、适用，得到业界专家的广泛认可，为其他城市和地区创新海绵城市建设工程技术提供了借鉴和示范。

6.1.4 海绵城市建设是惠及广大百姓的民生工程，必须坚持"群众满不满意答不答应的金标准"

群众满意是检验海绵城市建设成效的最终标尺。海绵城市建设要把国家自上而下的工作要求转化为群众自下而上的民生需求，为市民带来不一样的"生态体验"。遂宁市在老旧小区改造方面，有过失败案例。2015年海绵城市建设试点初期，遂宁实施了部分内涝整治项目，由于系统思维不够，仅重视了功能，在地下管网建设方面花了大力气，但是忽略了地面的景观和小区环境，导致老百姓满意度不高。基于此，他们考虑到不同小区的实际情况，把市区分老旧小区、新小区、在建拟建小区三种不同类型，优化三类建设模式，推动分类实施。对老旧小区，实施综合改造，解决居民反映强烈的排水防涝、设施破损、环境脏乱差等问题，既实现"小雨不积水，大雨不内涝"的海绵城市建设目标，又实现"路平、灯亮、水通、景美"的民生工程目标。对新建小区，实施海绵"微创"改造，避免对较完善的基础设施大范围修建，造成重复浪费。2016年以来，完成老旧小区海绵化改造32个，试点区域外的群众也因"眼见为实"从而"心向往之"，已有20余个小区提出了海绵城市建设改造的诉求，目前，遂宁市正在结合"城市双修"全域推进海绵城市建设，积极实施综合改造。市委、市政府未来将分年度、分片区完成试点区域外6km²老旧小区从屋面到立面、从地面到地下的立体式综合改造。目前正在实施镇江寺片区综合改造，占地面积0.6km²，计划投资4.6亿元，计划2019年底竣工。遂宁海绵城市建设已由最初的"要我改"转变成了如今的"我要改"，从旁观者的"被动海绵"转变成了主人般的"自觉海绵"。

6.2

可持续深入推进

6.2.1 强化保障，为推动海绵城市建设常态化奠定坚实基础

强化组织保障，遂宁市海绵城市建设工作领导小组继续加强统筹协调，充分发挥抓总作用。市海绵办具体组织好海绵城市建设工作，加强与相关部门的协作力度；相关辖区等项目实施主体，进一步完善机构、充实人员，促进各项工作有序、高效推进。强化机制保障，严格落实工作例会、联席会议制度，及时研究解决工作推进的重大问题。进一步完善海绵城市规划、建设、管理、维护有关制度，明确职责、任务、程序、奖惩等内容。加大海绵城市建设宣传力度，坚持海绵进学校，海绵进社区，海绵进教材，提高市民对海绵城市建设的认识、理解和支持。强化要素保障，坚持以创新的思路和改革的办法，切实解决好海绵城市建设资金、用地等要素保障问题。定期邀请相关科研院所、单位和知名专家，为海绵城市建设提供技术指导和咨询服务。充分发挥市规划局、市住建局等部门的技术骨干作用，指导海绵城市规划、建设。加大海绵城市建设相关人才的培养、引进力度，为海绵城市建设提供人才支撑。强化作风保障，结合遂宁正在开展的"查问题、讲担当、提效能"作风整治行动，以严的纪律和实的作风，扎实推进海绵城市建设各项工作。加强督查考核，将海绵城市建设工作纳入年度目标管理，每月实施督查通报。科学运用考核结果，将其作为资金拨付和评价各县（区）领导班子工作实绩的重要依据。强化资金监督管理，创新资金筹措渠道，严格审核资金支出，厉行节约，精打细算，坚决杜绝资金浪费、挪用等违法违规问题发生。

6.2.2 全域推进，让海绵城市在每一寸土地落地生根

空间上不断拓展，向县城、乡镇延伸，强化海绵城市的城乡统筹。根据《遂宁市海绵城市建设专项规划（2015—2030）》（2017增补）明确要求，到2020年遂宁市中心城区海绵城市建设（改造）面积为36.14km²，其中，船山区2.71km²、河东新区24.51km²、国开区5.21km²、物流港3.71km²，占比30.6%，比《国务院办公厅关于推进海绵城市建设的指导意见》（国办发〔2015〕75号）的要求提高了10个百分点。规划到2030年，城市建成区90%的面积达到海绵城市建设要求，达标面积达到144km²（图6-1）。

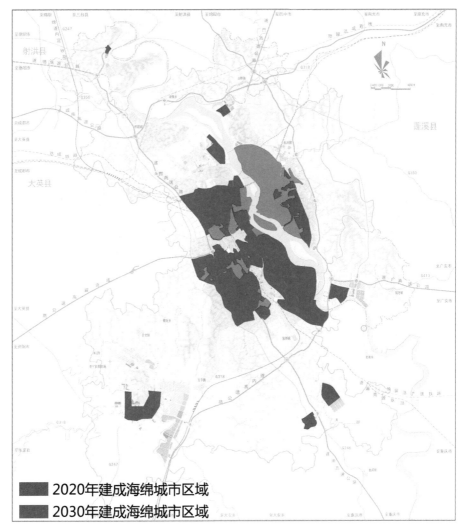

2020年建成海绵城市区域
2030年建成海绵城市区域

图6-1 2015—2030年遂宁市海绵城市建设时序

6.2.3 常抓不懈，让海绵城市理念贯穿城市建设全生命周期

时间上持续发力，保持海绵城市建设新常态。海绵城市建设不是一场运动，而是一项长期性、持续性的工作。为此，遂宁市将海绵城市建设要求纳入地方性城市立法计划，在城市规划建设管理全过程中落实海绵城市建设管控措施，将海绵城市建设的理念和要求落实到各层级、各专项规划编制中，修改调整城市总规、片区控制性详规等，及时修订城市蓝线、绿线管理办法，积极借鉴与推广海绵先进经验和模式，彰显城市规划建设管理的"海绵效应"，不断扩大海绵城市建设影响力和满意度。

良好生态环境是最公平的公共产品，是最普惠的民生福祉。建设生态文明是关系人民福祉、关乎民族未来的战略大计，是实现中华民族伟大复兴中国梦的重要内容。在习近平生态文明思想、党的十九大、中央城市工作会议精神、四川省委十一届三次全会指引下，遂宁市海绵城市建设正在强力推进，这既是完成国家"试点任务"、落实省委"一干多支、五区协同"发展战略、建设"美丽四川"的"遂宁篇章"，更是增进百姓福祉、造福子孙后代的生动实践。遂宁市虽然摸索出了丰富的创新实践经验，但距离海绵城市建设国家战略的总体目标依然任重道远，还需在习近平新时代中国特色社会主义思想指引下，持续创新探索、久久为功。对此，遂宁市将深入贯彻习近平生态文明思想，继续把海绵城市建设作为实现城市治理体系和治理能力现代的重要抓手、落实生态文明建设战略部署的重要载体，不驰于空想、不骛于虚声，踏石留印、抓铁有痕，奋力打造中国西部丘陵地区海绵城市建设创新典范、可复制可推广的中国特色城市发展道路的"原生态样板"，加快建设成渝发展主轴绿色经济强市，奋力谱写"美丽四川"的"遂宁篇章"！

后 记

本书为全国首批由中央财政支持的海绵城市建设试点——四川省遂宁市海绵城市试点建设的智慧结晶，立足"可推广、可复制"的示范价值，从海绵城市建设全周期、全产业链入手，全面系统总结的城市案例，立体地再现了遂宁市海绵城市建设从理念到实践的创新探索过程，可供国内外海绵城市建设领域的各类教学实践活动参考。

全书分为"海绵城市建设背景"、"海绵城市建设方案"、"海绵城市建设保障机制"、"试点项目建设与成效分析"、"西部欠发达地区特色经验与典型做法"、"总结与思考"6章、26节。首先结合遂宁市的历史、区域位置、自然生态本底、城市发展存在的问题，介绍了建设海绵城市的必要性。进而分老城区和新城区高位统筹、系统谋划海绵城市建设的系统方案。在试点建设过程中，因地制宜、创新探索，建立了"条块结合、分工协作"的组织工作机构、"决策、督查、保障一体化"的推进机制、"立法为核心，规范文件和地方标准为支撑"的制度体系、"全域全程全覆盖"的管控体系、以PPP为主的多元化投融资模式，解决了"工作谁来抓"、"具体怎么干"、"钱从哪里来"等问题。最后介绍了海绵城市建设的成效、特色经验及典型做法、总结与思考。

本书内容涉及领域、部门较多，从选题策划、章节撰写到编辑出版等环节，得到了各级领导和各部门人员的大力支持。主要撰稿人员有王明华、李文杰、唐静、覃光旭、刘敏、任希岩、常魁、姜军、李建宁、向京、舒万吉、肖江、罗国富、黄伟、杨杰等，因篇幅所限，无法一一列名。最后统稿主要由李文杰同志完成。在此一并致谢。

试点，也就意味着"摸着石头过河"。因此，无论是试点建设工作本身，抑或其经验模式的总结提炼，都难免存在疏漏和谬误之处，恳请读者不吝批评指正。

2019年6月1日

图书在版编目（CIP）数据

中国西部丘陵地区海绵城市建设创新典范——遂宁："自然生长"的海绵城市／遂宁市海绵城市建设工作领导小组办公室编. —北京：中国建筑工业出版社，2019.6

（中国海绵城市建设创新实践系列）

ISBN 978-7-112-23712-8

Ⅰ．①中… Ⅱ．①遂… Ⅲ．①城市建设－研究－遂宁 Ⅳ．①TU984.271.3

中国版本图书馆CIP数据核字（2019）第087338号

责任编辑：杜　洁　李玲洁
责任校对：王　烨
特邀编辑：杨梦晗

中国海绵城市建设创新实践系列（总策划　刘宏伟）

中国西部丘陵地区海绵城市建设创新典范——遂宁："自然生长"的海绵城市
遂宁市海绵城市建设工作领导小组办公室　编
*
中国建筑工业出版社出版、发行（北京海淀三里河路9号）
各地新华书店、建筑书店经销
北京锋尚制版有限公司制版
北京富诚彩色印刷有限公司印刷
*
开本：880×1230毫米　1/16　印张：13　字数：286千字
2019年6月第一版　2019年6月第一次印刷
定价：118.00元
ISBN 978 - 7 - 112 - 23712 - 8
　　　（34000）